河南省南水北调配套工程技术标准

河南省南水北调配套工程
PCCP 管道工程质量评定办法(试行)

2013 - 03 - 05 发布实施

河南省南水北调中线工程建设领导小组办公室　　发布

图书在版编目(CIP)数据

河南省南水北调配套工程 PCCP 管道工程质量评定办法:试行/河南省水利水电工程建设质量监测监督站主编.郑州:黄河水利出版社,2013.4

ISBN 978-7-5509-0443-9

Ⅰ.①河… Ⅱ.①河… Ⅲ.①南水北调-预应力混凝土管-钢筋混凝土管-水利工程管理-质量管理-河南省 Ⅳ.①TV672

中国版本图书馆 CIP 数据核字(2013)第 053990 号

出 版 社:黄河水利出版社

地址:河南省郑州市顺河路黄委会综合楼14层　　邮政编码:450003

发行单位:黄河水利出版社

发行部电话:0371-66026940、66020550、66028024、66022620(传真)

E-mail: hhslcbs@126.com

承印单位:河南地质彩色印刷厂

开本:880 mm×1 230 mm　1/16

印张:6

字数:139 千字　　印数:1—2 000

版次:2013 年 4 月第 1 版　　印次:2013 年 4 月第 1 次印刷

定价:48.00 元

河南省南水北调中线工程建设领导小组办公室文件

豫调办〔2013〕29号

关于印发《河南省南水北调配套工程PCCP管道工程质量评定办法(试行)》的通知

各省辖市南水北调办、配套工程建管局:

为加强河南省南水北调配套工程PCCP管道质量管理工作,统一质量检验及评定和验收方法,使工程质量评定与验收工作标准化、规范化,按照"评验分离、完善手段、相互衔接、使用方便"的指导思想,我办组织编写了《河南省南水北调配套工程PCCP管道工程质量评定办法(试行)》。现印发给你们,请认真贯彻执行。

河南省南水北调中线工程建设领导小组办公室

2013年3月5日

编写委员会

主　　　任：王小平

副　主　任：杨继成

编　　　委：雷淮平　孙觅博　蔡传运　耿万东
　　　　　　戚世森　魏扬顺

编写人员

主　　　编：雷淮平　孙觅博

副　主　编：耿万东　戚世森

主要编写人员：王银山　陈相龙　杜晓晓　司大勇
　　　　　　苏　航　付瑞杰

参加编写人员：易善亮　吕仲祥　轩慎民　雷振华
　　　　　　高　翔　杨东英　刘晓英　杜　明
　　　　　　白建峰　李　鹏

前　言

为规范河南省南水北调配套工程 PCCP 管道施工质量管理、检验与评定和验收工作，参照有关技术标准，特制定本办法。

本办法共 11 章。主要内容包括总则、办法引用的主要文件、基本规定、工程项目划分、PCCP生产、PCCP 进场质量要求、PCCP 安装、PCCP 功能性水压试验、PCCP 管道冲洗、施工质量评定与法人验收和附录等。

本办法附录 1、2、3、4、5、6、7、8、9、10、11、12、13、14 为规范性内容。

在使用过程中，如发现需要修改或补充之处，请将意见和资料反馈到河南省南水北调中线工程建设领导小组办公室。

本办法批准部门：河南省南水北调中线工程建设领导小组办公室。

本办法解释单位：河南省南水北调中线工程建设领导小组办公室。

本办法主编单位：河南省水利水电工程建设质量监测监督站。

目　录

1 总 则

1.0.1 为加强河南省南水北调配套工程 PCCP 管道质量管理工作，统一质量检验及评定和验收方法，使工程质量评定与验收工作标准化、规范化，按照“评验分离、完善手段、相互衔接、使用方便”的指导思想，结合我省实际，特制定本办法。

1.0.2 本办法适用于河南省南水北调配套工程中 PCCP 管的制造安装质量评定及验收。

1.0.3 PCCP 管道施工质量等级分为“合格”、“优良”两级。

1.0.4 河南省南水北调中线工程建设管理局（省辖市南水北调配套工程建设管理局）、勘测、设计、监理、施工、管道生产厂家（以下简称生产厂家）等工程参建单位及工程质量检测单位，应按国家和行业有关规定，建立健全工程质量管理体系，做好工程建设质量管理工作。

1.0.5 河南省南水北调中线工程建设领导小组办公室及其委托的工程质量监督机构对工程质量的管理、检验与评定和验收等工作进行监督。

1.0.6 工程质量的管理、检验与评定和验收等工作除应符合本办法的要求外，尚应符合国家和水利行业现行有关标准的规定。

2　办法引用的主要文件

2.0.1　《建设工程质量管理条例》(国务院令第279号)
2.0.2　《建设工程安全生产管理条例》(国务院令第393号)
2.0.3　《水利工程建设安全生产管理规定》(水利部令第26号)
2.0.4　《水利水电工程施工质量检验与评定规程》(SL 176—2007)
2.0.5　《水利水电建设工程验收规程》(SL 223—2008)
2.0.6　《水利工程建设项目施工监理规范》(SL 288—2003)
2.0.7　《给水排水管道工程施工及验收规范》(GB 50268—2008)
2.0.8　《压力钢管制造安装及验收规范》(DL 5017—93)
2.0.9　《水工混凝土施工规范》(SDJ 207—82)
2.0.10　《混凝土强度检验评定标准》(GB/T 50107—2010)
2.0.11　《预应力钢筒混凝土管》(GB/T 19685—2005)
2.0.12　《混凝土输水管试验方法》(GB/T 15345—2003)
2.0.13　《混凝土和钢筋混凝土排水管试验方法》(GB/T 16752—2006)
2.0.14　《通用硅酸盐水泥》(GB 175—2007)
2.0.15　《抗硫酸盐硅酸盐水泥》(GB 748—2005)
2.0.16　《建筑用砂》(GB/T 14684—2011)
2.0.17　《建筑用卵石、碎石》(GB/T 14685—2011)
2.0.18　《混凝土外加剂应用技术规范》(GB 50119—2011)
2.0.19　《混凝土外加剂》(GB 8076—2008)
2.0.20　《用于水泥和混凝土中的粉煤灰》(GB/T 1596—2005)
2.0.21　《混凝土用水标准》(JGJ 63—2006)
2.0.22　《预应力混凝土用钢丝》(GB/T 5223—2002)
2.0.23　《混凝土制品用冷拔低碳钢丝》(JC/T 540—2006)
2.0.24　《碳素结构钢和低合金结构钢热轧薄钢板和钢带》(GB/T 912—2008)
2.0.25　《碳素结构钢和低合金结构钢热轧厚钢板和钢带》(GB/T 3274—2007)
2.0.26　《碳素结构钢冷轧薄钢板及钢带》(GB/T 11253—2007)
2.0.27　《冷轧带肋钢筋》(GB 13788—2008)
2.0.28　《钢筋混凝土用钢　第2部分:热轧带肋钢筋》(GB 1499.2—2007)
2.0.29　《现场设备工业管道焊接工程施工及验收规范》(GB 50236—2011)
2.0.30　《钢结构工程施工质量验收规范》(GB 50205—2002)
2.0.31　《预应力与自应力混凝土管用橡胶密封圈》(JC/T 748—2010)
2.0.32　《建筑防腐蚀工程施工质量验收规范》(GB 50224—2010)
2.0.33　《建筑防腐蚀工程施工及验收规范》(GB 50212—2002)
2.0.34　《涂装前钢材表面锈蚀等级和除锈等级》(GB 8923—88)

2.0.35 《防腐蚀涂层涂装技术规范》(HG/T 4077—2009)

2.0.36 《输水管产品生产许可证实施细则》((X)XK08—002 国家质量监督检验检疫总局)

2.0.37 《混凝土管用混凝土抗压强度试验方法》(GB/T 11837—2009)

2.0.38 《水利水电工程施工质量评定表填表说明与示例(试行)》(办建管[2002]182号)

2.0.39 《建筑工程施工质量验收统一标准》(GB 50300—2001)

2.0.40 《混凝土强度检验评定标准》(GB/T 50107—2010)

2.0.41 《公路工程质量检验评定标准　土建工程》(JTG F 80/1—2004)

2.0.42 《南水北调中线一期北京段 PCCP 管道工程施工质量评定验收标准(试行)》(NSBD3—2006)

2.0.43 《天津市南水北调工程预应力钢筒混凝土管(PCCP)制造安装质量评定标准(试行)》

2.0.44 《河南省南水北调受水区供水配套工程 PCCP 采购指南(试行)》

2.0.45 《河南省水利工程质量监督规程(试行)》(豫水质监[2009]14 号)

2.0.46 《工程建设标准强制性条文(水利工程部分)》(建标[2011]60 号)

3 基本规定

3.0.1 PCCP 管道生产厂家、管道安装施工单位(以下称施工单位)应具备相应资质,生产及施工人员应具备相应资格。

3.0.2 承担工程检测业务的检测单位应具有相应的检测资质,设备和人员配备应满足相应要求,其计量器具、试验仪器仪表及设备还应定期进行检定,并具备有效的检定证书。监造监理、生产厂家和施工监理、施工单位现场试验室的设置还应满足相关规定及合同要求。

3.0.3 PCCP 管生产前,生产厂家应按照有关标准、规范和设计及合同要求,编制生产作业指导书,生产作业指导书应经生产厂家技术负责人批准,并报监造监理机构审核。

3.0.4 生产厂家应根据本办法以及相关规定,编制用于控制管道生产质量的检测计划,明确检测内容、方法、标准及数量。对生产 PCCP 管所需的原材料,生产厂家应按国家有关标准、河南省的相关规定及合同要求进行检验,合格后方可使用。

3.0.5 成品管出厂前,生产厂家质检员应对管道外观、防腐涂层及抗裂性能等进行检测检验,并保存检验记录。出厂的成品管,其原材料、配件等检验报告及出厂合格证等资料应齐全。出厂合格证中应有管道的生产及出厂日期、管道编号等。

3.0.6 成品管、配件及密封橡胶圈到达现场后,应按合同要求进行检查验收,验收不合格的不得使用。

3.0.7 施工单位在开工前应编制施工组织设计和关键部位的专项施工方案。施工组织设计、专项施工方案必须按规定程序审批后执行。

3.0.8 施工单位应按国家、行业有关标准及合同要求,对进场的原材料、中间产品及成品等进行复验,复验合格后方可使用。

3.0.9 管道安装完成后,应及时按照本办法的要求进行工序、单元工程施工质量评定。工序施工质量评定应在该工序所包含的检查检验项目评定合格及施工过程中形成的各种记录完整、有效的基础上进行;单元工程施工质量评定应在该单元工程所包含的工序评定合格及相应施工实体质量检验合格的基础上进行。

3.0.10 工程完成后,应及时组织质量评定和验收。工程验收分为法人验收和政府验收。法人验收包括分部工程、单位工程、合同工程完工验收;政府验收包括阶段验收、专项验收、竣工验收。

4　工程项目划分

4.1　项目名称

4.1.1　河南省南水北调受水区配套工程应按设计单元每个分水口门划分为一个工程项目的原则进行项目划分。

工程项目划分为单位工程、分部工程、单元(工序)工程三级。

4.1.2　工程中永久性房屋(管理设施用房)、专用公路等项目,可参照相关行业标准划分和确定项目名称。

4.2　项目划分原则

4.2.1　工程项目划分应结合工程结构特点、施工部署及施工合同要求进行,划分结果应有利于保证施工质量、便于施工质量管理和施工资料整理。

4.2.2　单位工程原则上按施工标段进行划分。

4.2.3　分部工程应按施工部署或长度进行划分,原则上同类型的分部工程的工程量不宜相差太大;不同类型的各个分部工程投资不宜相差太大;每个单位工程的分部工程数目不宜少于5个。

4.2.4　重要隐蔽单元工程应按配套工程穿越重要河流的地基开挖、与干线建筑物的地基穿越开挖等划分;关键部位单元工程应按配套工程穿越建筑物的钢管安装、重要建筑物的基础和处理等划分。

4.2.5　单元工程项目的划分应按以下原则确定:

1　依据专业和类别、工程结构、施工部署、施工检查评定或质量考核要求,便于单元工程质量控制和评定验收的原则,按层、块、区、段等进行划分。

2　沟槽开挖、管道铺设及回填施工单元工程划分界限宜设置在结构缝或接口处,长度一般不大于100 m。

3　建筑物按类别、部位、工程量大小、施工部署进行单元工程划分。

4　同一分部工程中各单元工程的工程量(或投资)不宜相差太大。

4.3　项目划分程序

4.3.1　省辖市南水北调配套工程建设管理局应在监督注册后及时组织监理、设计及施工等单位进行工程项目划分,并确定主要单位工程、主要分部工程、重要隐蔽(关键部位)单元工程类型,报工程质量监督机构确认。

4.3.2　质量监督机构收到项目划分书面报告后,应在10个工作日内审核确认并书面通知省辖市南水北调配套工程建设管理局和河南省南水北调中线工程建设管理局。

4.3.3 工程实施过程中，需对单位工程、分部工程、重要隐蔽（关键部位）单元工程的项目划分进行调整时，省辖市南水北调配套工程建设管理局应重新报送工程质量监督机构审核确认。

5 PCCP 生产

5.1 原材料检验

5.1.1 生产管材所用水泥应采用低碱水泥。当采用活性掺合料作为水泥替代物时，水泥强度等级不应低于42.5 MPa。使用前，生产厂家应进行复验，复验结果应符合《通用硅酸盐水泥》(GB 175—2007)或《抗硫酸盐硅酸盐水泥》(GB 748—2005)及合同要求。

5.1.2 管芯混凝土所用砂(细骨料)宜采用中粗砂，保护层水泥砂浆宜采用细砂。使用前，生产厂家应进行复验，复验结果应符合《建筑用砂》(GB/T 14684—2011)及合同要求。生产厂家应按月或管道出厂验收批进行砂料质量评定，填写河南省南水北调配套工程PCCP生产用砂料质量评定表(附录1 表1-1)。

5.1.3 管芯混凝土所用石子(粗骨料)应采用质地坚硬、清洁、级配良好的人工碎石或卵石，石子最大粒径应符合有关标准及合同要求。使用前，生产厂家应进行复验，复验结果应符合《建筑用卵石、碎石》(GB/T 14685—2011)及合同要求。生产厂家应按月或管道出厂验收批进行粗骨料质量评定，填写河南省南水北调配套工程 PCCP 生产用粗骨料质量评定表(附录1 表1-2)。

5.1.4 管芯混凝土及保护层水泥砂浆所用外加剂不应对管材或水质产生有害影响。使用前，生产厂家应进行复验，复验结果应符合《混凝土外加剂应用技术规范》(GB 50119—2011)、《混凝土外加剂》(GB 8076—2008)及合同要求。

5.1.5 设计要求对砂、石、水泥、外加剂、活性掺合料等材料有碱活性指标控制的，进场时应按不同厂家、不同品种、不同批次分别进行碱含量及碱活性检验。混凝土配合比报告中，应提供配合比总碱含量。混凝土中的总碱含量应符合有关标准及合同要求。

5.1.6 成品粉煤灰、磨细矿渣或硅灰等活性掺合料均可作为硅酸盐水泥或普通硅酸盐水泥的替代物，其最大替代量需经试验确定，成品粉煤灰的质量要求应不低于《用于水泥和混凝土中的粉煤灰》(GB/T 1596—2005)中Ⅱ级灰的规定；磨细矿渣或硅灰的质量要求应符合相应标准的规定。

5.1.7 生产厂家应对管芯混凝土、保护层水泥砂浆拌和用水及成品管养护用水进行检验，其检验各项指标应符合《混凝土用水标准》(JGJ 63—2006)及合同要求。

5.1.8 生产厂家应按管道出厂验收批对混凝土拌和质量进行评定，填写河南省南水北调配套工程 PCCP 混凝土拌和质量评定表(附录1 表1-3)。

5.1.9 生产管材所用的钢丝、钢板、承插口异型钢及橡胶密封圈等材料，进场时生产厂家应检查出厂质量证明文件、材料出厂合格证及检验报告。使用前，应按照有关标准及合同规定对材料进行取样复验，复验结果应符合《预应力混凝土用钢丝》(GB/T 5223—2002)、《混凝土制品用冷拔低碳钢丝》(JC/T 540—2006)、《碳素结构钢和低合金结构钢热轧薄钢板和钢带》(GB/T 912—2008)、《碳素结构钢和低合金结构钢热轧厚钢板和钢带》(GB/T

3274—2007)、《碳素结构钢冷轧薄钢板及钢带》(GB/T 11253—2007)、《冷轧带肋钢筋》(GB 13788—2008)、《钢筋混凝土用钢　第2部分:热轧带肋钢筋》(GB 1499.2—2007)、《预应力与自应力混凝土管用橡胶密封圈》(JC/T 749—2010)及合同要求。

5.1.10　防腐材料进场时,生产厂家应检查产品说明书、质量证明文件、材料出厂合格证、检验报告,承插口防腐材料还应有卫生部门出具的产品质量无毒检验报告。涂料工艺参数、涂料对基体金属表面处理等级、涂装施工环境及理论涂布率、多组分涂料的混合比应符合有关规定及合同要求。使用前,应按照有关标准及合同规定对材料进行取样复验,复验结果应符合《建筑防腐蚀工程施工质量验收规范》(GB 50224—2010)及合同要求。

5.2　PCCP制造

5.2.1　生产厂家应根据产品生产、检验和出厂各环节填写PCCP生产工艺质量记录表。PCCP生产工艺质量记录表详见附录2的河南省南水北调配套工程PCCP承口钢圈生产工艺记录表(见表2-1)、河南省南水北调配套工程PCCP插口钢圈生产工艺记录表(见表2-2)、河南省南水北调配套工程PCCP钢筒生产工艺记录表(见表2-3)、河南省南水北调配套工程PCCP管芯混凝土浇筑生产工艺记录表(见表2-4)、河南省南水北调配套工程PCCP预应力缠丝生产工艺记录表(见表2-5)、河南省南水北调配套工程PCCP砂浆保护层生产工艺记录表(见表2-6)、河南省南水北调配套工程PCCP保护层外防腐生产工艺记录表(见表2-7)、河南省南水北调配套工程PCCP管芯混凝土蒸汽养护工艺记录表(见表2-8)。

5.2.2　承插口钢环、钢筒及配件焊接前,生产厂家应编制焊接作业指导书,且焊接及操作均应符合有关规定。

5.2.3　承插口钢环加工时,生产厂家应对钢板下料尺寸、焊缝质量、压边成型、钢环几何尺寸逐个进行检验。承插口钢环配合精度应符合有关标准及设计要求。承插口接头钢环工作面的对接焊缝应打磨光滑并与邻近表面取平,焊缝表面不应有裂纹、夹渣、气孔等缺陷。

5.2.4　带有承插口钢环的钢筒应逐个进行水压试验以检验钢筒体焊缝的渗漏情况。钢筒在规定的检验压力下至少恒压3 min。试验过程中检验人员应及时检查钢筒所有焊缝并标出所有的渗漏部位,待卸压后对渗漏部位进行人工焊接修补。经修补的钢筒需再次进行水压试验,直至钢筒体的所有焊缝不发生渗漏。钢筒端面倾斜度不超过相应标准及设计要求。

5.2.5　管芯混凝土浇筑过程中应保证振捣到位,以确保管芯混凝土的密实度。管芯成型后应采用适当方法进行养护。采用蒸汽养护时养护设施内的最高升温速度不应大于22 ℃/h;采用自然养护时应覆盖保护材料防止混凝土过度失水,在混凝土充分凝固后应及时进行洒水养护。养护用水应符合《混凝土用水标准》(JGJ 63—2006)的规定。

5.2.6　埋置式管材脱模时管芯混凝土立方体抗压强度不应低于20 MPa。管材内壁混凝土表面应平整光洁。管芯内壁混凝土表面不应出现直径或深度大于10 mm的空洞或凹坑以及蜂窝、集中麻面等不密实现象。

5.2.7　管芯混凝土强度达到规定强度时方可缠丝。缠丝应力、螺距、圈数及接头长度等应符合相关标准及设计要求。多层缠丝时,每层钢丝表面必须制作水泥砂浆覆盖层,覆盖层厚度、强度等还应符合相关标准及设计要求。

5.2.8 水泥砂浆保护层宜采用辊射法施工。保护层强度、致密性、含水量应符合相关标准及设计要求。每工作班至少应进行一次保护层水泥砂浆吸水率试验。吸水率试验应符合《预应力钢筒混凝土管》(GB/T 19685—2005)的规定。每隔 3 个月或当水泥砂浆原材料来源发生改变时至少应进行一次保护层水泥砂浆强度试验。水泥砂浆保护层的外表面不得存在任何可见裂缝;覆盖在非应力区域的水泥砂浆保护层外表面的可见裂缝宽度不应大于 0.25 mm。

5.2.9 水泥砂浆保护层采用防腐涂层的,生产厂家应按照《预应力钢筒混凝土管》(GB/T 19685—2005)及设计要求进行防腐施工及质量检验。

5.2.10 阴极保护所用的导电钢带、跨接片与预应力钢丝的接触面(点)应进行除锈,除锈等级应符合有关规定及合同要求。钢带、跨接片应在除锈后 4 h 内使用,未使用的应进行重新除锈。

5.2.11 阴极保护所用钢带与跨接片应采用焊接方式连接。钢带、跨接片安装后,应立即进行电连续性及连接电阻测试。测试方法、标准、数量应符合有关规定及合同要求。

5.2.12 管材承插口钢环的外露部分应采用有效的防腐材料加以保护,以防止钢环发生锈蚀,且防腐材料不得对管内水质产生任何不利影响。

5.2.13 成品管应进行抗裂性能检验。检验标准、方法应符合《预应力钢筒混凝土管》(GB/T 19685—2005)及《混凝土输水管试验方法》(GB/T 15345—2003)及合同要求。

5.2.14 成品管内表面出现的环向裂缝或螺旋状裂缝宽度不应大于 0.5 mm(浮浆裂缝除外);距管子插口端 300 mm 范围内出现的环向裂缝宽度不应大于 1.5 mm;内表面沿管子纵轴线的平行线成 15°夹角范围内不允许存在裂缝长度大于 150 mm 的纵向可见裂缝。

5.2.15 成品管外保护层不应出现任何空鼓、分层及剥落现象。管材基本尺寸允许偏差应符合规范及合同文件要求。

5.2.16 生产厂家应对同类别、同规格、同工艺生产的成品管按每 200 根作为一批向监造单位出具质量检验报告。出厂检验项目、数量应符合《预应力钢筒混凝土管》(GB/T 19685—2005)的要求。

5.2.17 配件所用的原材料质量检验及制造应符合有关标准及合同规定,其检验结果及成品质量应符合有关标准及合同要求。

5.2.18 管道及配件出厂时,应对本批次出厂的产品进行验收。验收时,生产厂家应提交有关产品制作的原材料检验报告和河南省南水北调配套工程 PCCP 制造质量验收表(见附录 3)、河南省南水北调配套工程 PCCP 成品管质量检验表(见附录 4)、河南省南水北调配套工程 PCCP 生产厂家档案资料目录表(见附录 5)等相关资料。经生产厂家自评,监造工程师复核,达到合格标准的产品才能出厂。

6 PCCP 进场质量要求

6.0.1 到达现场的 PCCP 管应有完整的出厂验收资料,并附有产品质量证明书。凡管子代号、公称内径、有效长度、工作压力、覆土深度、顺序和生产编号等标记不清的管子不应使用。

6.0.2 在管子运至施工现场时,省辖市南水北调配套工程建设管理局应组织设计、施工监理、施工、制造厂家等单位共同对管子进行以下质量检查,并填写河南省南水北调配套工程 PCCP 进场联合验收检查记录表(见附录6)。

1 管径、长度、制管日期、工压等级和允许覆土深度及合格标记,并与出厂证明书逐项核对。

2 管子表面质量,包括有无裂缝、空鼓、气泡、剥落、浮渣、露筋、碰损,端面倾斜度,承插口椭圆度,承插口金属面防腐,管身外防腐是否符合要求。出现以下情况不应使用:

1)管子内壁混凝土表面不平整光洁。表面出现直径或深度大于 5 mm 的空洞或凹坑以及浮渣、露石、严重的浮浆层和蜂窝、集中麻面等缺陷。

2)管子承插口端部管芯混凝土出现缺料、掉角、空洞等瑕疵。

3)管子外保护层出现空鼓、裂缝、分层及剥落现象。

4)管内表面出现的环向裂缝或螺旋裂缝宽度大于 0.5 mm,距管道插口端 300 mm 以内出现的环向裂缝宽度大于 1.5 mm;管内表面沿管子纵轴线的平行线成 15°夹角范围内存在裂缝长度大于 150 mm 的纵向可见裂缝。

5)管子承插口椭圆度超过 12.7 mm 或大于 0.5%。

6)管子端面倾斜度超过 6 mm(管子公称内径 400 ~ 1 200 mm)或超过 9 mm(管子公称内径 1 400 ~ 3 000 mm)。

6.0.3 PCCP 管子在装卸过程中应始终坚持轻装轻放的原则,严禁溜放或用推土机、叉车等直接碰撞和推拉管道,不应抛、摔、滚、拖、埋压。在运输过程中和现场停放时,对管道的承插口应予以妥善保护,以防损坏。

7 PCCP安装

7.0.1 施工单位应根据合同和设计及有关标准要求,组织施工技术管理人员进行现场查勘,编制施工技术方案及专项施工方案,并报监理机构审批后执行。

7.0.2 冬季施工应编制专项施工方案。专项施工方案中应明确沟槽防冻保温措施、管道接口安装工作面保温措施、橡胶圈防止受冻变硬的措施、接头压力试验方案、管子接口水泥砂浆掺用防冻剂要求、管沟回填时保证回填土质量的措施等,并报监理机构审批后执行。

7.0.3 沟槽开挖前,施工单位应当对线路进行复核性测量,如有问题应及时反馈。控制测量完成后,按规定进行管线测量放线并报验。

7.0.4 沟槽需进行支护与降水的,应编制专项施工方案。支护结构应具有足够的强度、刚度和稳定性,并附安全验算结果,经施工单位技术负责人签字以及总监理工程师核签后实施。涉及高边坡、深基坑时施工单位还应组织专家进行论证、审查。对地下水位高于管沟开挖底高程的管线段,必须采取排、降水措施。

7.0.5 基坑开挖与支护施工应进行量测监控,监测项目、检测控制值应根据设计要求及基坑侧壁安全等级进行确定。

7.0.6 施工单位应严格按照设计要求进行管沟开挖,保证边坡稳定、干场作业、基底无扰动。槽底标高应符合设计要求。

在管沟施工中如遇沟底局部超挖,应使用与垫层相同的材料进行回填,并夯实到规定的垫层密实度;如遇淤泥、流沙等异常软弱土壤或沉陷性土壤,应按设计要求进行处理。

在管沟施工中要重视地面水的侵入,特别是在雨季和汛期,必须有防止雨水侵入的措施和雨水排除的措施。

对地质条件与设计不符的情况,施工单位应及时报告监理单位,并由监理单位组织省辖市南水北调配套工程建设管理局、勘测、设计、施工等单位研究处理方案。需进行地质补充勘察的,还应按设计要求进行。

7.0.7 验槽合格后,施工单位方可进行管道垫层铺设施工,管道基础垫层的材质和形式应按设计要求。管道垫层所用原材料不得含有草根等杂物,其性能指标应符合设计和规范要求。

7.0.8 管子吊装时应采用双点兜身吊或使用专用的起吊工具,严禁穿心吊,起吊索具应用柔性材料包裹,不允许钢丝绳直接接触管子外防腐保护层,避免碰损管子。

7.0.9 施工中管底与垫层接触两侧的腋角应依照设计要求填实,确保填料与管底紧密接触。插捣压实时,管道两侧的回填应对称进行,不得使管道位移或损伤。

7.0.10 管道安装中,不得影响基槽边坡的稳定,不得与槽壁支撑及槽下的管道相互碰撞。安装的每节管材的轴线及高程应逐节调整正确,并进行复测,合格后方可进行下一道工序的施工。

7.0.11 管子接头用的橡胶密封圈运至施工现场时应进行交接验收,供应商应提供橡胶密封圈满足设计要求的质量合格报告及对饮用水无害的证明书。密封圈的物理力学指标应符合设计要求。施工单位应对橡胶密封圈进行逐一检查,橡胶密封圈的形状为“○”形,表面不能有气孔、裂缝、重皮、平面扭曲、破损、肉眼可见的杂质及有碍使用和影响密封效果的缺陷。橡胶圈整体应颜色均匀,符合设计要求。

7.0.12 管子对接安装前,必须逐根清理管材的承口内侧、插口外部凹槽及橡胶密封圈,用植物类润滑剂对承口工作面进行涂刷润滑。封闭管材间隙用的橡胶密封圈采用圆形截面的实心胶圈,橡胶密封圈的尺寸和体积应与承插口钢环的胶槽尺寸和配合间隙相匹配。管道接口间隙处应采用填充材料进行填充,其技术指标应满足设计及相关规范要求。

7.0.13 管道安装后,应随时清除管道内的杂物,暂时停止安装的,两端应临时封堵,并按照相关规定和设计要求设置管道位置标志。

7.0.14 填充材料的选用及施工除应满足本办法外,还应符合有关标准的规定。

7.0.15 填充材料施工时,基底必须严格进行表面清洁处理。对蜂窝、麻面、起沙、空鼓、裂缝等缺陷,必须用磨光机、钢刷等工具将其打磨平整并露出牢固的结构层。管子接头承插口钢环及阴极保护预留钢片处的金属保护漆不得被破坏。

7.0.16 管道安装完成后,施工单位应及时进行接头打压试验,检验接头密封性。每个安装接头均应按照设计要求分三次进行压力试验,达到要求后及时封堵打压孔。接头压力试验应使用经过检定的专用加压泵,闭水时应能够保证水压的稳定。

7.0.17 管材及其附件安装完成并经验收合格后,应及时进行沟槽的回填,回填应符合设计及《给水排水管道工程施工及验收规范》(GB 50268—2008)的要求。不允许将已安装完成的管道长期外露不回填。

7.0.18 管道两侧和管顶以上 500 mm 范围内的回填材料,应由沟槽两侧对称运入槽内,管道两侧的回填土保持均衡回填上升,不得直接回填在管道上;回填其他部位时,应均匀运入槽内,不准集中推入。

7.0.19 管道回填作业每层土的压实遍数,按功能分区的压实度要求、压实工具、虚铺厚度和含水量,应经现场试验确定,回填密实度应满足设计要求。

8 PCCP 功能性水压试验

8.0.1 管道功能性水压试验前,施工单位应根据《给水排水管道工程施工及验收规范》(GB 50268—2008)和设计及合同要求编制试验方案并报监理机构批准后实施。水压试验采用的设备、仪表规格及其安装应符合规范要求,并做好记录(见附录8)。

8.0.2 管道功能性水压试验合格的判定依据分为允许压力降值和允许渗水量值,按规范及设计要求确定。

8.0.3 管道功能性水压试验采用允许渗水量作为最终合格判定依据时,实测渗水量应满足规范、规程及设计要求。

8.0.4 管道功能性水压试验进行实际渗水量测定时,宜采用注水法进行。

8.0.5 管道功能性水压试验长度应符合规范及设计文件要求。

8.0.6 管道功能性水压试验前,应做好水源的引接、排水的疏导等方案,试验用水的水质应满足有关标准及合同要求。试验完成后,排出的水应及时排放至规定地点,不得影响周围环境。冬季进行水压试验时应采取防冻措施。

8.0.7 PCCP 管道水压试验必须合格,并网运行前进行冲洗与消毒,经检验,水质达到标准后,方允许并网通水投入运行。

9 PCCP 管道冲洗

9.0.1 省辖市南水北调配套工程建设管理局应组织监理、设计、施工、运行管理等单位在试运行阶段完成管道冲洗。

9.0.2 给水管道冲洗准备工作应符合下列规定：

1 用于冲洗管道的清洁水源已经确定；

2 排水管道已安装完毕，并保证畅通、安全；

3 冲洗管段末端已设置方便、安全的取样口；

4 照明和维护等设施已经落实。

9.0.3 通水前进行冲洗，经检验水质达到标准后，方允许通水投入运行。管道冲洗应符合下列要求：

1 给水管道严禁取用污染水源进行水压试验、冲洗，施工管段距污染水水域较近时，必须严格控制污染水进入管道；如不慎污染管道，应由水质检测部门对管道污染水进行化验，并按要求在管道并网运行前进行冲洗消毒。

2 施工单位应编制管道冲洗实施方案。

3 施工单位应在省辖市南水北调配套工程建设管理局、管理单位的配合下进行冲洗。

4 冲洗时，应避开用水高峰，冲洗流速不小于1.0 m/s，连续冲洗。

5 管道第一次冲洗应连续冲洗，冲洗至出水口处浊度、色度与入水口处冲洗水浊度、色度相同为止。

6 冲洗排出的水，应排放至规定地点，不得影响周围环境。

10 施工质量评定与法人验收

10.1 一般规定

10.1.1 单元(工序)工程施工质量在施工单位自评合格后,应报监理单位复核,由监理工程师核定质量等级并签证认可。

10.1.2 重要隐蔽(关键部位)单元工程质量经施工单位自评合格、监理单位抽检后,由省辖市南水北调配套工程建设管理局、监理、设计、施工等单位组成联合小组,共同检查核定其质量等级并填写重要隐蔽(关键部位)单元工程质量等级签证表(见附录9),报工程质量监督机构核备。

10.1.3 分部工程质量,在施工单位自评合格后,由监理单位复核,经省辖市南水北调配套工程建设管理局认定。分部工程验收的质量结论由省辖市南水北调配套工程建设管理局报工程质量监督机构核备。分部工程施工质量评定表见附录10。

10.1.4 单位工程质量,在施工单位自评合格后,由监理单位复核,经省辖市南水北调配套工程建设管理局认定。单位工程验收的质量结论由省辖市南水北调配套工程建设管理局报工程质量监督机构核定。单位工程施工质量评定表见附录11。单位工程施工质量检验与评定资料核查表见附录12。

10.1.5 工程项目质量,在单位工程质量评定合格后,由监理单位进行统计并评定工程项目质量等级,经河南省南水北调中线工程建设管理局认定后,报工程质量监督机构核定。工程项目施工质量评定表见附录13。

10.2 合格标准

10.2.1 合格标准是工程验收标准。不合格工程必须进行处理并达到合格标准后,才能进行后续工程施工或验收。工程施工质量等级评定的主要依据有:

1 国家及相关行业技术标准;

2 经批准的设计文件、施工图纸、金属结构设计图样与技术条件、设计修改通知书、厂家提供的设备安装说明书及有关技术文件;

3 工程承发包合同中约定的技术标准;

4 工程施工期及试运行期的试验和观测分析成果。

10.2.2 单元(工序)工程施工质量评定标准按照本办法或合同约定的合格标准执行。当达不到合格标准时,应及时处理。处理后的质量等级按下列规定重新确定:

1 全部返工重做的,可重新评定质量等级;

2 经加固补强并经设计和监理单位鉴定能达到设计要求时,其质量评为合格;

3 处理后的工程部分质量指标仍达不到设计要求时,经设计复核,省辖市南水北调配套工程建设管理局及监理单位确认能满足安全和使用功能要求,可不再进行处理;或经加固补强后,改变了外形尺寸或造成工程永久性缺陷的,经省辖市南水北调配套工程建设管理局、监理及设计单位确认能基本满足设计要求,其质量可定为合格,但应按规定进行质量缺陷备案。

10.2.3 分部工程施工质量同时满足下列标准时,其质量评定为合格:

1 所含单元工程的质量全部合格,质量事故及质量缺陷已按要求处理,并经检验合格;

2 原材料、中间产品及混凝土(砂浆)试件质量全部合格,金属结构质量合格,机电产品质量合格。

10.2.4 单位工程施工质量同时满足下列标准时,其质量评为合格:

1 所含分部工程质量全部合格;

2 质量事故已按要求进行处理;

3 工程质量检测合格;

4 工程外观质量得分率达到70%以上;

5 单位工程施工质量检验与评定资料基本齐全。

10.2.5 工程项目施工质量同时满足下列标准时,其质量评定为合格:

1 单位工程质量全部合格;

2 工程档案资料基本齐全。

10.3 优良标准

10.3.1 单元工程施工质量优良标准应按照本规定以及合同约定的优良标准执行。全部返工重做的单元工程,经检验达到优良标准时,可评为优良等级。

10.3.2 分部工程施工质量同时满足下列标准时,其质量评为优良:

1 所含单元工程质量全部合格,其中70%以上达到优良等级,重要隐蔽单元工程和关键部位单元工程质量优良率达90%以上,且未发生过质量事故;

2 原材料、中间产品及混凝土(砂浆)试件质量全部合格,金属结构质量合格,机电产品质量合格。

10.3.3 单位工程施工质量同时满足下列标准时,其质量评为优良:

1 所含分部工程质量全部合格,其中70%以上达到优良等级,主要分部工程质量全部优良,且施工中未发生过较大质量事故;

2 质量事故已按要求进行处理;

3 工程质量检测合格;

4 外观质量得分率达到85%以上;

5 单位工程施工质量检验与评定资料齐全。

10.3.4 工程项目施工质量同时满足下列标准时,其质量评为优良:

1 单位工程质量全部合格,其中70%以上单位工程质量达到优良等级,且主要单位工程质量全部优良;

2 工程档案资料齐全。

10.4 法人验收

10.4.1 法人验收包括分部工程验收、单位工程验收。法人验收时，省辖市南水北调配套工程建设管理局应提前5个工作日通知质量监督机构。质量监督机构应派代表列席法人验收工作会议。

10.4.2 法人验收应由省辖市南水北调配套工程建设管理局主持。验收工作组应由省辖市南水北调配套工程建设管理局、勘测、设计、监理、施工、主要设备制造(供应)商等单位的代表组成。

10.4.3 单位工程验收前应进行工程质量检测和外观质量评定。省辖市南水北调配套工程建设管理局应根据工程的具体情况提出工程质量检测的项目、内容和数量，报质量监督机构审核后，委托有资质的检测单位进行检测。该单位工程中分部工程已按质量监督机构审核的检测方案检测的，不做重复检测。

11 附 录

填表基本规定

1. 单元(工序)工程完工后,应及时评定其质量等级,并按现场检验结果,如实填写各工序和单元工程施工质量评定表(以下简称评定表)。现场检验应遵守随机取样原则。

2. 评定表应使用蓝色或黑色墨水钢笔填写,不得使用圆珠笔、铅笔、红笔填写。

3. 文字。应按国务院颁布的简化汉字书写。字迹应工整、清晰。

4. 数字和单位。数字使用阿拉伯数字(1、2、3、…、9、0)。单位使用国家法定计量单位,并以规定的符号表示(如:MPa、m、m^3、t、…)。

5. 合格率。用百分数表示,小数点后保留一位数字。如果恰为整数,则小数点后以0表示。

6. 改错。将错误用斜线划掉,再在其右上方填写正确的文字(或数字),禁止使用改正液、贴纸、橡皮擦、刀片刮或用墨水涂黑等方法。

7. 表头填写。①单位工程、分部工程名称:按项目划分确定的名称填写。②单元工程名称、部位:填写该单元工程名称(中文名称或编号),部位可用桩号、高程等表示。③施工单位:填写与河南省南水北调中线工程建设管理局(省辖市南水北调配套工程建设管理局)签订承包合同的施工单位全称。④单元工程量:填写本单元主要工程量。⑤检验(评定)日期:年——填写4位数,月——填写实际月份(1~12月),日——填写实际日期(1~31日)。

8. 质量标准中,凡有"符合设计要求"者,应注明设计具体要求(如内容较多,可附页说明);凡有"符合规范要求"者,应标出所执行的规范名称及编号。

9. 检验记录。文字记录应真实、准确、简练。数字记录应准确、可靠,小数点后保留位数应符合有关规定。

10. 设计值按施工图填写。实测值填写实际检测数据,而不是偏差值。当实测数据多时,可填写实测组数、实测值范围(最小值~最大值)、合格组数,但实测值应作附表或附件备查。

11. 评定表中列出的某些项目,如实际工程无该项内容,应在相应检验栏内用斜线"/"表示。

12. 评定表从表头至评定意见栏均由施工单位经"三检"合格后填写,"质量等级"栏由复核质量的监理工程师填写。监理工程师复核质量等级时,如对施工单位填写的质量检验资料有不同意见,可写入"质量等级"栏内或另附页说明,并在"质量等级"栏内填写出正确的等级。

13. 单元(工序)工程表尾填写。

(1)施工单位由负责终验的人员签字。

(2)监理单位由负责该项目的监理工程师复核质量等级并签字。

(3)表尾所有签字人员,必须由本人按照身份证上的姓名签字,不得使用化名,也不得由其他人代为签名。签名时应填写填表日期。

14. 表尾填写:××单位是指具有法人资格单位的现场派出机构,若须加盖公章,则加盖该单位的现场派出机构的公章。

附录 1　河南省南水北调配套工程 PCCP 生产所用砂石料及混凝土拌和质量评定表

表 1-1　河南省南水北调配套工程 PCCP 生产用砂料质量评定表

工程项目名称		产地、规格	
PCCP 规格		检验日期	年　月　日至　月　日
项次	检查项目	质量标准	检验记录
1	天然砂中含泥量	<3%,其中黏土含量<1%	
2	△天然砂中泥团含量	不允许	
3	△人工砂中的石粉含量	6% ~12%(指小于 0.15 mm 的颗粒)	
4	坚固性	<10%	
5	△云母含量	<2%	
6	密度	>2.5 t/m^3	
7	轻物质含量	<1%	
8	硫化物及硫酸盐含量,按重量折算成 SO_3	<1%	
9	△有机质含量	浅于标准色	
评定意见			质量等级
主要检查项目全部符合质量标准。其他检查项目有　　　%检查点符合质量标准。			
生产厂家	年　月　日	监造单位	年　月　日

河南省南水北调配套工程PCCP生产用砂料质量评定表

填表说明

填表时必须遵守“填表基本规定”，并符合以下要求：

1. 检验日期：填写检验月或管道出厂验收批的开始日期及终止日期。

2. 数量：填写本批检验资料所代表的砂料总量。同一产地的按进料每一批次检验一次，进料量较大时，一般按每进不多于500 m^3 砂料检验一次；所用砂料产地不同时应分别进行检验。

3. 产地：填写砂料出产地。

4. 检查数量：按月或管道出厂验收批进行抽样检查分析，在净料堆放场取组样，总抽检数量不少于10组，要分规格进行质量评定。

5. 检验记录：填写抽检组数、最小值～最大值、合格组数。

6. 质量标准：综合分析抽样检查成果时，应分规格评定质量。凡抽样检查中主要检查项目（有“△”号的）符合标准，任一种规格的其他检查项目有70%及其以上的检查点符合质量标准的，即评为合格。

表 1-2 河南省南水北调配套工程 PCCP 生产用粗骨料质量评定表

工程项目名称		产地、规格	
PCCP 规格		检验日期	年 月 日至 月 日
项次	检查项目	质量标准	检验记录
1	超径	原孔筛检验<5%,超逊径检验 0	
2	逊径	原孔筛检验<10%,超逊径检验<2%	
3	含泥量	D_{20}、D_{40}粒径级<1%, D_{80}、D_{150}(或 D_{120})粒径级<0.5%	
4	△泥团	不允许	
5	△软弱颗粒含量	<5%	
6	硫酸盐及硫化物含量,按重量折算成 SO_3	0.50%	
7	△有机质含量	浅于标准色	
8	密度	>2.55 t/m^3	
9	吸水率	D_{20}、D_{40}粒径级<2.5%, D_{80}、D_{150}粒径级<1.5%	
10	△针片状颗粒含量	<15%,有试验论证, 可以放宽至25%	
评定意见			质量等级
主要检查项目全部符合质量标准。其他检查项目合格率 %。			
生产厂家	年 月 日	监造单位	年 月 日

河南省南水北调配套工程 PCCP 生产用粗骨料质量评定表
填表说明

填表时必须遵守“填表基本规定”，并符合以下要求：

1. 检验日期：填写检验月或管道出厂验收批的开始日期及终止日期。

2. 数量：填写本批检验资料所代表的粗骨料总量(m^3)。

3. 产地：填写粗骨料出产地名或料场名称。

4. 检查数量：按月或管道出厂验收批进行抽样检查分析，一般每生产 500 m^3 砂石料，在净料堆放场取组样，总抽检数量不少于 10 组，要分规格进行质量评定。

5. 检验记录：填写抽检组数、最小值～最大值、合格组数。

6. 质量标准：综合分析抽样检查成果时，应分规格评定质量。凡抽样检查中主要检查项目(有“△”号的)全部符合标准，任一种规格的其他检查项目有 70% 及其以上的检查点符合质量标准的，即评为合格。

表 1-3　河南省南水北调配套工程 PCCP 混凝土拌和质量评定表

工程项目名称		混凝土强度等级	
PCCP 规格		评定日期	年　月　日
项次	项目	项目质量等级	
1	混凝土拌和物		
2	△混凝土试块		
评定意见		质量等级	
两项质量均达　　　标准。			
生产厂家	年　月　日	监造单位	年　月　日

河南省南水北调配套工程 PCCP 混凝土拌和质量评定表

填表说明

填表时必须遵守“填表基本规定”,并符合以下要求:

1. 项目质量等级:按照表 1-3.1、表 1-3.2 评定结果填写。

2. 质量标准:混凝土拌和物、混凝土试块两个项目均达到合格标准,则评为合格。

3. 本表按管道出厂验收批填写,要分规格进行质量评定。

表 1-3.1　河南省南水北调配套工程 PCCP 混凝土拌和物质量评定表

<table>
<tr><td colspan="2">工程项目名称</td><td></td><td>混凝土强度等级</td><td colspan="2"></td></tr>
<tr><td colspan="2">PCCP 规格</td><td></td><td>检验日期</td><td colspan="2">年　月　日至　月　日</td></tr>
<tr><td>项次</td><td>项目</td><td>质量标准</td><td colspan="3">检验记录</td></tr>
<tr><td>1</td><td>△原材料称量偏差
符合要求的频率</td><td>≥70%</td><td colspan="3"></td></tr>
<tr><td>2</td><td>砂子含水量<6%的频率</td><td>≥70%</td><td colspan="3"></td></tr>
<tr><td>3</td><td>△拌和时间符合规定的频率</td><td>100%</td><td colspan="3"></td></tr>
<tr><td>4</td><td>混凝土坍落度
符合要求的频率</td><td>≥70%</td><td colspan="3"></td></tr>
<tr><td>5</td><td>△混凝土水灰比
符合设计要求的频率</td><td>≥80%</td><td colspan="3"></td></tr>
<tr><td>6</td><td>混凝土出机口温度
符合设计要求的频率</td><td>≥70%
（高 2 ~ 3 ℃）</td><td colspan="3"></td></tr>
<tr><td colspan="4">评定意见</td><td colspan="2">质量等级</td></tr>
<tr><td colspan="4">共检查　　项　　组，主要检查项目　　项　　组，全部符合　　标准，一般检查项目符合　　　标准。</td><td colspan="2"></td></tr>
<tr><td>生产
厂家</td><td colspan="2">年　月　日</td><td>监造
单位</td><td colspan="2">年　月　日</td></tr>
</table>

河南省南水北调配套工程 PCCP 混凝土拌和物质量评定表
填表说明

填表时必须遵守“填表基本规定”，并符合以下要求：

1. 本表依据生产厂家生产过程中的检验记录和监造单位检查结果评定。

2. 检验日期：填写本管道出厂验收批的混凝土检验开始日期及终止日期。

3. 本表第 3、4、5、6 项要填写设计具体要求，第 1 项原材料称量偏差填写拌和楼（站）生产配料单规定的各种材料的称量（kg）。规定原材料称量值和设计要求值，可填在检验记录栏内。

4. 试验记录栏：检查组数、实测最大值、最小值、合格组数。

5. 质量标准：主要检查项目（有“△”号的）符合合格标准，一般检查项目（无“△”号的）基本符合或符合合格标准，则评为合格。

6. 本表按管道出厂验收批填写，要分规格进行质量评定。

表 1-3.2　河南省南水北调配套工程 PCCP 混凝土试块质量评定表

工程项目名称		混凝土强度等级	
PCCP 规格		检验日期	年　月　日至　月　日
项次	项目	质量标准	检验记录
1	任何一组试块抗压强度最低不得低于设计抗压强度的	85%	
2	△混凝土强度保证率	80%	
3	混凝土抗拉、抗渗、抗冻指标	不低于设计混凝土强度等级	
4	混凝土强度的离差系数	<0.18	
评定意见			质量等级
全部检查项目符合合格标准,其中主要检查项目			
生产厂家	年　月　日	监造单位	年　月　日

河南省南水北调配套工程 PCCP 混凝土试块质量评定表
填表说明

填表时必须遵守“填表基本规定”，并符合以下要求：

1. 本表依据生产厂家在机口或仓面取样成型的 28 d 龄期混凝土试件试验成果及统计资料，经监造单位检查后评定。

2. 检验日期：填写本管道出厂验收批试块质量检验的开始日期及终止日期。

3. 检查项目：第 4 项要标明设计强度等级。

4. 检验记录：第 1、4 项要填写检查组数、各组试块的实测值。若实测值较多，也可填写实测组数、最小值～最大值，合格组数。

5. 试验数据统计：按《水利水电工程施工质量检验与评定规程》（SL 176—2007）有关规定进行。

6. 质量标准：主要检查项目（有“△”号的）符合合格标准，一般检查项目（无“△”号的）基本符合或符合合格标准，则评为合格。

7. 本表按管道出厂验收批填写，要分规格进行质量评定。

附录 2　河南省南水北调配套工程 PCCP 生产工艺质量记录表

表 2-1　河南省南水北调配套工程 PCCP 承口钢圈生产工艺记录表

生产车间：　　　　　　　　　　　　生产班组：　　　　　　　　　　　　（单位：mm）

<table>
<tr><td colspan="2">工程项目名称</td><td colspan="3"></td><td colspan="3">产品规格</td><td colspan="2"></td></tr>
<tr><td rowspan="3">设计值</td><td>承口内径</td><td colspan="3"></td><td colspan="3">钢材检验报告号</td><td colspan="2"></td></tr>
<tr><td>扳边尺寸</td><td colspan="3"></td><td colspan="3">平面度公差范围</td><td colspan="2"></td></tr>
<tr><td>钢板厚度</td><td colspan="3"></td><td colspan="3">椭圆度公差范围</td><td colspan="2"></td></tr>
<tr><td colspan="2">生产日期</td><td colspan="3"></td><td colspan="3">检验日期</td><td colspan="2"></td></tr>
<tr><td rowspan="3">钢圈编号</td><td colspan="9">实测结果</td></tr>
<tr><td rowspan="2">承口内径</td><td rowspan="2">扳边尺寸</td><td rowspan="2">钢板厚度</td><td rowspan="2">平面度</td><td rowspan="2">椭圆度</td><td rowspan="2">焊缝及外观质量</td><td colspan="2">检测结论</td><td rowspan="2">不合格品处理</td></tr>
<tr><td>合格</td><td>不合格</td></tr>
<tr><td></td><td></td><td></td><td></td><td></td><td></td><td></td><td></td><td></td><td></td></tr>
<tr><td></td><td></td><td></td><td></td><td></td><td></td><td></td><td></td><td></td><td></td></tr>
<tr><td></td><td></td><td></td><td></td><td></td><td></td><td></td><td></td><td></td><td></td></tr>
<tr><td></td><td></td><td></td><td></td><td></td><td></td><td></td><td></td><td></td><td></td></tr>
<tr><td></td><td></td><td></td><td></td><td></td><td></td><td></td><td></td><td></td><td></td></tr>
<tr><td></td><td></td><td></td><td></td><td></td><td></td><td></td><td></td><td></td><td></td></tr>
<tr><td></td><td></td><td></td><td></td><td></td><td></td><td></td><td></td><td></td><td></td></tr>
<tr><td></td><td></td><td></td><td></td><td></td><td></td><td></td><td></td><td></td><td></td></tr>
<tr><td></td><td></td><td></td><td></td><td></td><td></td><td></td><td></td><td></td><td></td></tr>
<tr><td></td><td></td><td></td><td></td><td></td><td></td><td></td><td></td><td></td><td></td></tr>
<tr><td colspan="2">合计(件)</td><td colspan="8"></td></tr>
<tr><td rowspan="3">生产厂家</td><td>测量</td><td colspan="4"></td><td rowspan="3" colspan="2">监造单位</td><td rowspan="3" colspan="2">年　月　日</td></tr>
<tr><td>记录</td><td colspan="4"></td></tr>
<tr><td>校核</td><td colspan="4"></td></tr>
</table>

表 2-2　河南省南水北调配套工程 PCCP 插口钢圈生产工艺记录表

生产车间：　　　　　　　　　　　　　　生产班组：　　　　　　　　　　　　　　（单位：mm）

<table>
<tr><td colspan="3">工程项目名称</td><td colspan="4"></td><td>产品规格</td><td colspan="2"></td></tr>
<tr><td rowspan="3">设计值</td><td colspan="2">插口外径</td><td colspan="2"></td><td colspan="2">钢材检验报告号</td><td colspan="3"></td></tr>
<tr><td colspan="2" rowspan="2">尾部内径</td><td colspan="2" rowspan="2"></td><td colspan="2">平面度公差</td><td colspan="3"></td></tr>
<tr><td colspan="2">椭圆度公差</td><td colspan="3"></td></tr>
<tr><td colspan="3">生产日期</td><td colspan="2"></td><td colspan="2">检验日期</td><td colspan="3"></td></tr>
<tr><td rowspan="3" colspan="2">钢圈编号</td><td colspan="8">实测结果</td></tr>
<tr><td rowspan="2">插口外径</td><td rowspan="2">尾部内径</td><td rowspan="2">平面度</td><td rowspan="2">椭圆度</td><td rowspan="2">焊缝及外观质量</td><td colspan="2">检测结论</td><td rowspan="2">不合格品处理</td></tr>
<tr><td>合格</td><td>不合格</td></tr>
<tr><td colspan="2"></td><td></td><td></td><td></td><td></td><td></td><td></td><td></td><td></td></tr>
<tr><td colspan="2"></td><td></td><td></td><td></td><td></td><td></td><td></td><td></td><td></td></tr>
<tr><td colspan="2"></td><td></td><td></td><td></td><td></td><td></td><td></td><td></td><td></td></tr>
<tr><td colspan="2"></td><td></td><td></td><td></td><td></td><td></td><td></td><td></td><td></td></tr>
<tr><td colspan="2"></td><td></td><td></td><td></td><td></td><td></td><td></td><td></td><td></td></tr>
<tr><td colspan="2"></td><td></td><td></td><td></td><td></td><td></td><td></td><td></td><td></td></tr>
<tr><td colspan="2"></td><td></td><td></td><td></td><td></td><td></td><td></td><td></td><td></td></tr>
<tr><td colspan="2"></td><td></td><td></td><td></td><td></td><td></td><td></td><td></td><td></td></tr>
<tr><td colspan="2"></td><td></td><td></td><td></td><td></td><td></td><td></td><td></td><td></td></tr>
<tr><td colspan="2"></td><td></td><td></td><td></td><td></td><td></td><td></td><td></td><td></td></tr>
<tr><td colspan="2">合计(件)</td><td colspan="8"></td></tr>
<tr><td colspan="2" rowspan="3">生产厂家</td><td>测量</td><td colspan="2"></td><td rowspan="3">监造单位</td><td colspan="4" rowspan="3">年　月　日</td></tr>
<tr><td>记录</td><td colspan="2"></td></tr>
<tr><td>校核</td><td colspan="2"></td></tr>
</table>

表 2-3　河南省南水北调配套工程 PCCP 钢筒生产工艺记录表

生产车间：　　　　　　　　　　　　生产班组：

<table>
<tr><td>工程项目名称</td><td colspan="5"></td><td>产品规格</td><td colspan="3"></td></tr>
<tr><td rowspan="2">薄钢板检验报告号</td><td colspan="2" rowspan="2"></td><td>薄钢板厚度（mm）</td><td></td><td>钢筒长度及公差（mm）</td><td></td><td>生产日期</td><td colspan="2"></td></tr>
<tr><td>检验压力/时长</td><td></td><td>钢筒端面倾斜度</td><td></td><td>检验日期</td><td colspan="2"></td></tr>
<tr><td rowspan="2">钢筒编号</td><td rowspan="2">承口钢圈编号</td><td rowspan="2">插口钢圈编号</td><td rowspan="2">钢筒长度（mm）</td><td rowspan="2">焊缝质量</td><td rowspan="2">钢筒外观质量</td><td rowspan="2">钢筒端面倾斜度</td><td colspan="2">水压试验（MPa）</td><td rowspan="2">检验结论</td></tr>
<tr><td>试验压力</td><td>试验结果</td></tr>
<tr><td></td><td></td><td></td><td></td><td></td><td></td><td></td><td></td><td></td><td></td></tr>
<tr><td></td><td></td><td></td><td></td><td></td><td></td><td></td><td></td><td></td><td></td></tr>
<tr><td></td><td></td><td></td><td></td><td></td><td></td><td></td><td></td><td></td><td></td></tr>
<tr><td></td><td></td><td></td><td></td><td></td><td></td><td></td><td></td><td></td><td></td></tr>
<tr><td></td><td></td><td></td><td></td><td></td><td></td><td></td><td></td><td></td><td></td></tr>
<tr><td></td><td></td><td></td><td></td><td></td><td></td><td></td><td></td><td></td><td></td></tr>
<tr><td></td><td></td><td></td><td></td><td></td><td></td><td></td><td></td><td></td><td></td></tr>
<tr><td></td><td></td><td></td><td></td><td></td><td></td><td></td><td></td><td></td><td></td></tr>
<tr><td></td><td></td><td></td><td></td><td></td><td></td><td></td><td></td><td></td><td></td></tr>
<tr><td></td><td></td><td></td><td></td><td></td><td></td><td></td><td></td><td></td><td></td></tr>
<tr><td>合计（根）</td><td colspan="9"></td></tr>
<tr><td colspan="6">生产厂家</td><td colspan="2" rowspan="2">监造单位</td><td colspan="2" rowspan="2">年　月　日</td></tr>
<tr><td>测量</td><td></td><td>记录</td><td></td><td>校核</td><td></td></tr>
</table>

表 2-4　河南省南水北调配套工程 PCCP 管芯混凝土浇筑生产工艺记录表

生产车间：　　　　　　　　　　　　　　生产班组：

<table>
<tr><td>工程项目名称</td><td colspan="6"></td><td>产品规格</td><td colspan="2"></td></tr>
<tr><td>混凝土设计配合比</td><td colspan="9">水泥: 水: 砂: 石子: 减水剂: 掺合料 =</td></tr>
<tr><td>混凝土生产配合比</td><td colspan="9">水泥: 水: 砂: 石子: 减水剂: 掺合料 =</td></tr>
<tr><td>水泥检验报告号</td><td colspan="2"></td><td colspan="3">外加剂检验报告号</td><td></td><td>生产日期</td><td colspan="2"></td></tr>
<tr><td>砂检验报告号</td><td colspan="2"></td><td colspan="3">掺合料检验报告号</td><td></td><td>检验日期</td><td colspan="2"></td></tr>
<tr><td>碎石检验报告号</td><td colspan="2"></td><td colspan="3">混凝土设计强度等级</td><td></td><td rowspan="2">环境温度
(℃)</td><td colspan="2" rowspan="2"></td></tr>
<tr><td>水检验报告号</td><td colspan="2"></td><td colspan="3">管芯厚度(mm)</td><td></td></tr>
<tr><td rowspan="2">管芯编号</td><td rowspan="2">底模编号</td><td rowspan="2">内模编号</td><td rowspan="2">外模编号</td><td rowspan="2">顶模编号</td><td colspan="2">混凝土质量</td><td rowspan="2">模具安装质量</td><td rowspan="2">浇筑时间(min)</td><td rowspan="2">混凝土振捣</td></tr>
<tr><td>坍落度</td><td>入仓温度(℃)</td></tr>
<tr><td></td><td></td><td></td><td></td><td></td><td></td><td></td><td></td><td></td><td></td></tr>
<tr><td></td><td></td><td></td><td></td><td></td><td></td><td></td><td></td><td></td><td></td></tr>
<tr><td></td><td></td><td></td><td></td><td></td><td></td><td></td><td></td><td></td><td></td></tr>
<tr><td></td><td></td><td></td><td></td><td></td><td></td><td></td><td></td><td></td><td></td></tr>
<tr><td></td><td></td><td></td><td></td><td></td><td></td><td></td><td></td><td></td><td></td></tr>
<tr><td></td><td></td><td></td><td></td><td></td><td></td><td></td><td></td><td></td><td></td></tr>
<tr><td></td><td></td><td></td><td></td><td></td><td></td><td></td><td></td><td></td><td></td></tr>
<tr><td></td><td></td><td></td><td></td><td></td><td></td><td></td><td></td><td></td><td></td></tr>
<tr><td></td><td></td><td></td><td></td><td></td><td></td><td></td><td></td><td></td><td></td></tr>
<tr><td></td><td></td><td></td><td></td><td></td><td></td><td></td><td></td><td></td><td></td></tr>
<tr><td></td><td></td><td></td><td></td><td></td><td></td><td></td><td></td><td></td><td></td></tr>
<tr><td></td><td></td><td></td><td></td><td></td><td></td><td></td><td></td><td></td><td></td></tr>
<tr><td>合计(根)</td><td colspan="9"></td></tr>
<tr><td rowspan="3">生产厂家</td><td colspan="2">测量</td><td colspan="3"></td><td rowspan="3">监造单位</td><td colspan="3" rowspan="3">年　月　日</td></tr>
<tr><td colspan="2">记录</td><td colspan="3"></td></tr>
<tr><td colspan="2">校核</td><td colspan="3"></td></tr>
<tr><td>备注</td><td colspan="9">1. 模具安装质量主要检查各模具是否安装到位，模具接缝是否严合，锚固块和阴极保护预埋件是否准确固定等。</td></tr>
</table>

表 2-5　河南省南水北调配套工程 PCCP 预应力缠丝生产工艺记录表

生产车间：　　　　　　　　　　　　生产班组：

工程项目名称		检验日期	
预应力钢丝规格		产品规格	
预应力钢丝检验报告号		缠丝层数	
锚固块检验报告号		管芯壁厚(mm)	
水泥净浆配合比		环境温度(℃)	
缠丝应力/张拉力(MPa)		缠丝螺距/公差(mm)	

管芯编号	缠丝强度通知单编号	缠丝实测应力（MPa）	缠丝实测螺距（mm）	钢丝接头数量（个）	应力波动（%）	实测水泥净浆
合计(根)						

生产厂家	测量		监造单位	
	记录			
	校核			年　月　日

表 2-6 河南省南水北调配套工程 PCCP 砂浆保护层生产工艺记录表

生产车间：　　　　　　　　　　　　　　生产班组：

工程项目名称		检验日期	
砂浆设计配合比	水泥:砂:水 =	产品规格	
砂浆生产配合比	水泥:砂:水 =	辊射层数	
水泥净浆配合比	水:水泥 =	环境温度(℃)	
水泥检验报告号		管芯壁厚(mm)	
砂检验报告号		保护层厚度（mm）	

管芯编号	缠丝编号	保护层实测厚度（mm）										保护层外观质量检查	保护层养护	结论
合计(根)														

生产厂家	测量		监造单位	年　月　日
	记录			
	校核			

表 2-7　河南省南水北调配套工程 PCCP 保护层外防腐生产工艺记录表

生产车间：　　　　　　　　　　　　　　生产班组：

工程项目名称		检验日期		
生产日期		产品规格		
管道表面温度(℃)		大气相对湿度		
环境温度(℃)		防腐材料检验报告号		
外防腐编号	保护层表面质量	保护层 20 mm 深含水率	涂层外观质量	结论
合计				
生产厂家	测量		监造单位	年　月　日
	记录			
	校核			

表 2-8　河南省南水北调配套工程 PCCP 管芯混凝土蒸汽养护工艺记录表

生产车间：　　　　　　　　　　　　生产班组：

<table>
<tr><td colspan="3">工程项目名称</td><td colspan="8"></td><td colspan="3">产品规格</td><td colspan="6"></td><td>生产日期</td><td colspan="2"></td></tr>
<tr><td>管芯编号</td><td>项目</td><td>浇筑完成时间</td><td>静停</td><td>通气时间</td><td colspan="16">升温、恒温养护期</td><td>停气时间</td><td>降温</td></tr>
<tr><td rowspan="3"></td><td>时间</td><td></td><td></td><td></td><td></td><td></td><td></td><td></td><td></td><td></td><td></td><td></td><td></td><td></td><td></td><td></td><td></td><td></td><td></td><td></td><td></td><td></td></tr>
<tr><td>温度</td><td></td><td></td><td></td><td></td><td></td><td></td><td></td><td></td><td></td><td></td><td></td><td></td><td></td><td></td><td></td><td></td><td></td><td></td><td></td><td></td><td></td></tr>
<tr><td>环境温度</td><td colspan="2"></td><td>脱模温差</td><td colspan="2"></td><td colspan="4">脱模强度试块编号</td><td></td><td colspan="4">缠丝强度试块编号</td><td colspan="2"></td><td colspan="3">28 d 强度试块编号</td><td colspan="2"></td></tr>
<tr><td rowspan="3"></td><td>时间</td><td></td><td></td><td></td><td></td><td></td><td></td><td></td><td></td><td></td><td></td><td></td><td></td><td></td><td></td><td></td><td></td><td></td><td></td><td></td><td></td><td></td></tr>
<tr><td>温度</td><td></td><td></td><td></td><td></td><td></td><td></td><td></td><td></td><td></td><td></td><td></td><td></td><td></td><td></td><td></td><td></td><td></td><td></td><td></td><td></td><td></td></tr>
<tr><td>环境温度</td><td colspan="2"></td><td>脱模温差</td><td colspan="2"></td><td colspan="4">脱模强度试块编号</td><td></td><td colspan="4">缠丝强度试块编号</td><td colspan="2"></td><td colspan="3">28 d 强度试块编号</td><td colspan="2"></td></tr>
<tr><td rowspan="3"></td><td>时间</td><td></td><td></td><td></td><td></td><td></td><td></td><td></td><td></td><td></td><td></td><td></td><td></td><td></td><td></td><td></td><td></td><td></td><td></td><td></td><td></td><td></td></tr>
<tr><td>温度</td><td></td><td></td><td></td><td></td><td></td><td></td><td></td><td></td><td></td><td></td><td></td><td></td><td></td><td></td><td></td><td></td><td></td><td></td><td></td><td></td><td></td></tr>
<tr><td>环境温度</td><td colspan="2"></td><td>脱模温差</td><td colspan="2"></td><td colspan="4">脱模强度试块编号</td><td></td><td colspan="4">缠丝强度试块编号</td><td colspan="2"></td><td colspan="3">28 d 强度试块编号</td><td colspan="2"></td></tr>
<tr><td rowspan="3"></td><td>时间</td><td></td><td></td><td></td><td></td><td></td><td></td><td></td><td></td><td></td><td></td><td></td><td></td><td></td><td></td><td></td><td></td><td></td><td></td><td></td><td></td><td></td></tr>
<tr><td>温度</td><td></td><td></td><td></td><td></td><td></td><td></td><td></td><td></td><td></td><td></td><td></td><td></td><td></td><td></td><td></td><td></td><td></td><td></td><td></td><td></td><td></td></tr>
<tr><td>环境温度</td><td colspan="2"></td><td>脱模温差</td><td colspan="2"></td><td colspan="4">脱模强度试块编号</td><td></td><td colspan="4">缠丝强度试块编号</td><td colspan="2"></td><td colspan="3">28 d 强度试块编号</td><td colspan="2"></td></tr>
<tr><td colspan="15">生产厂家</td><td rowspan="2" colspan="3">监造单位</td><td rowspan="2" colspan="5">年　月　日</td></tr>
<tr><td colspan="2">测量</td><td colspan="3"></td><td colspan="2">记录</td><td colspan="3"></td><td colspan="2">校核</td><td colspan="3"></td></tr>
</table>

附录3　河南省南水北调配套工程PCCP制造质量验收表

工程项目名称					
生产厂家			产品规格		
成品管编号			检验日期	编号	
序号	检验项目		质量标准	检验记录	
1	承、插口接头钢环制造	钢材强度	最小屈服强度≥205 MPa		
		钢环外观	表面光滑,无重皮、毛刺及麻面		
		焊缝外观	打光磨平,无裂纹、夹渣、气孔		
2	钢筒制作	钢材强度	最小屈服强度≥215 MPa		
		端面倾斜度	符合设计要求		
		水压试验	在规定水压下,钢筒不得出现鼓包及渗漏		
		钢筒焊缝	焊缝凸起高度不大于1.6 mm,且打光磨平		
		钢筒外观	表面凹凸与钢筒基准面之间偏差小于10 mm		
3	管芯混凝土浇筑	管芯混凝土料(含原材料、拌和物及硬化混凝土)	无不合格料浇筑		
		混凝土振捣	振捣频率、时间符合规范要求		
		混凝土养护	采用蒸汽养护,连续养护的时间和温度符合规定要求		
		混凝土表面质量	保护时间符合设计要求,保护严密		
		管芯混凝土强度	脱模时立方体抗压强度不低于20 MPa;缠丝时立方体抗压强度不低于28 d抗压强度的70%;28 d强度符合设计要求		

续表

序号	检验项目		质量标准	检验记录
4	预应力钢丝缠绕	材质	符合设计要求	
		缠绕应力	符合设计要求,且偏离平均值的波动范围不超过 ±10%	
		缠丝实测螺距	符合设计要求	
5	水泥砂浆保护层	保护层砂浆(含原材料、拌和物及试块)	无不合格料辊射	
		保护层砂浆强度	砂浆 28 d 龄期立方体抗压强度不低于 45 MPa	
		保护层净厚度	符合设计要求	
		保护层养护	表面保持湿润,养护方法、时间等符合规范要求	
6	防腐涂层	材质	符合设计要求	
		涂层厚度	符合设计要求	
		涂层外观	均匀、无露底、无针孔、无皱纹、无流挂、无漏涂	
		附着力	符合设计要求	
7	成品管质量检验	成品管质量检验表中的内容	检验结论为合格	
生产厂家检验结论: (签字):　　年　月　日				
监造单位复核意见: (签字):　　年　月　日				

附录4　河南省南水北调配套工程 PCCP 成品管质量检验表

<table>
<tr><td colspan="2">工程项目名称</td><td colspan="3"></td></tr>
<tr><td colspan="2">生产厂家</td><td></td><td>产品规格</td><td></td></tr>
<tr><td colspan="2">成品管编号</td><td></td><td>检验日期</td><td></td></tr>
<tr><td rowspan="12">形体尺寸</td><td>检测项目</td><td colspan="2">质量标准(单位:mm)</td><td>检验记录</td></tr>
<tr><td>承口工作面尺寸</td><td colspan="2">+0.2 ~ +1.0</td><td></td></tr>
<tr><td>插口工作面尺寸</td><td colspan="2">-1.0 ~ -0.2</td><td></td></tr>
<tr><td>承口深度</td><td colspan="2">-4 ~ 4</td><td></td></tr>
<tr><td>插口长度</td><td colspan="2">-4 ~ 4</td><td></td></tr>
<tr><td>管道内径</td><td colspan="2">-8 ~ 8</td><td></td></tr>
<tr><td>管材裂缝</td><td colspan="2">小于修补标准</td><td></td></tr>
<tr><td>管道长度</td><td colspan="2">-6 ~ 6</td><td></td></tr>
<tr><td>承插口工作面椭圆度</td><td colspan="2">≤12.7 或 0.5%(取小值)</td><td></td></tr>
<tr><td rowspan="2">端面倾斜度</td><td colspan="2">≤6(管子公称内径 400 ~ 1 200)</td><td rowspan="2"></td></tr>
<tr><td colspan="2">≤9(管子公称内径 1 400 ~ 3 000)</td></tr>
<tr><td>保护层厚度</td><td colspan="2">≥ -1</td><td></td></tr>
<tr><td rowspan="3">外观质量</td><td>管材表面</td><td colspan="2">无凹坑、漏砂、漏浆、蜂窝、麻面,
内表面孔洞、凹坑直径或深度小于 10 mm</td><td></td></tr>
<tr><td>砂浆保护层</td><td colspan="2">无空鼓及脱落</td><td></td></tr>
<tr><td>预应力钢丝区域
保护层裂缝</td><td colspan="2">无裂缝</td><td></td></tr>
<tr><td>修补</td><td>修补报告编号</td><td colspan="3"></td></tr>
<tr><td colspan="5">生产厂家检验结论:

(签字):　　　　　　　　　　年　月　日</td></tr>
<tr><td colspan="5">监造单位复核意见:

(签字):　　　　　　　　　　年　月　日</td></tr>
</table>

附录5　河南省南水北调配套工程PCCP生产厂家档案资料目录表

项次	项目	份数	备注
1	水泥出厂检验报告及复试报告		
2	砂检验报告		
3	石检验报告		
4	砂石料评定表		
5	砂石碱活性检验报告		
6	混凝土掺合料质量证明文件		
7	承、插口材料质量证明文件及复试报告		
8	钢筒薄板质量证明文件及复试报告		
9	预应力钢丝质量证明文件及复试报告		
10	配件用钢板出厂质量证明文件及复试报告		
11	外加剂质量证明文件及复试报告		
12	混凝土用水检验报告		
13	锚固块出厂质量证明文件及复试报告		
14	橡胶圈质量证明文件及复试报告		
15	防腐涂料出厂质量证明文件及复试报告		
16	混凝土拌和质量评定资料		
17	保护层水泥砂浆抗压强度报告		
18	保护层水泥砂浆吸水率报告		
19	焊缝检验报告		
20	焊剂、焊条合格证		
21	生产工艺质量记录资料		
22	成品管质量检验表		
23	制造质量验收表		
24	其他		
25			

施工单位自查意见	监造单位复查意见
自查： 填表人： 质检部门负责人： （盖公章） 年　月　日	复查： 监理工程师： 监理单位： （盖公章） 年　月　日

附录6　河南省南水北调配套工程PCCP进场联合验收检查记录表

工程项目名称		单位工程名称	
生产厂家		产品规格	
成品管编号		验收日期	

序号	检测项目	质量标准	检验记录
1	标志	标志清晰,内容齐全	
2	管子外表面质量	无浮渣、露筋、碰损	
3		无空鼓、裂缝、分层及剥落现象	
4	管子内表面质量	无直径或深度大于5 mm的空洞或凹坑以及蜂窝、麻面	
5		距管道插口端300 mm范围外无长度超过150 mm、与管道纵轴平行线夹角15°以内的可见裂缝	
6		距管道插口端300 mm以内无环向宽度大于1.5 mm的裂缝	
7		无宽度大于0.5 mm的环向裂缝或螺旋裂缝	
8	承、插口	端面倾斜度,承、插口椭圆度符合设计要求	
9		承、插口金属面防腐,管身外防腐符合设计要求	
10		管芯插口端部混凝土无缺料、掉角、空洞	
11		管口椭圆度小于0.5%或12.7 mm(取小值)	
12		管子端面倾斜度超出13 mm	
13		承口工作面尺寸+0.2～+1.0 mm	
14	管子外保护层	无空鼓、裂缝、分层及剥落现象	
15	修补	修补报告编号	
16	其他	其他方面存在的质量问题	

联合小组成员	单位名称		职务、职称	签名
	省辖市南水北调配套工程建设管理局			
	设计单位			
	生产厂家			
	监理单位			
	施工单位			

附录7　河南省南水北调配套工程PCCP打压记录表

分部工程名称：　　　　　　　　　　　　施工单位：　　　　　　　　　　　　日期：　　年　月　日至　月　日

桩号	管道编号		设计压力(MPa)	第一次打压						第二次打压						第三次打压					
	上游管道	下游管道		打压日期	打压时间(min)	起始压力(MPa)	终止压力(MPa)	下降值(MPa)	打压结果	打压日期	打压时间(min)	起始压力(MPa)	终止压力(MPa)	下降值(MPa)	打压结果	打压日期	打压时间(min)	起始压力(MPa)	终止压力(MPa)	下降值(MPa)	打压结果
施工单位														监理单位							
试验人	年　月　日					记录人	年　月　日									年　月　日					

河南省南水北调配套工程PCCP打压记录表
填表说明

1. 分部工程名称填写打压试验管道所在的分部工程名称。

2. 日期填写本单元工程的管道开始打压日期及最后一次打压结束日期。

3. 桩号填写管道打压试验处的位置桩号。

4. 管道编号填写两个管道的生产编号,并按顺序填写。

5. 设计压力填写打压试验的设计值。

6. 打压日期填写管道打压的具体日期,打压时间填写分钟。

7. 下降值填写起始压力与终止压力的差值。

8. 打压结果填写“合格”或“不合格”,若打压结果不合格,应按有关要求处理后,重新进行打压试验,并填写本表。

9. 监理人员应根据设计及合同要求,对有关打压过程进行全过程旁站。

附录 8 河南省南水北调配套工程 PCCP 管道工程注水法试验记录表

<table>
<tr><td colspan="2">工程名称</td><td colspan="2"></td><td colspan="2">试验日期</td><td>年 月 日</td></tr>
<tr><td colspan="2">桩号及地段</td><td colspan="5"></td></tr>
<tr><td colspan="2">管道内径</td><td colspan="2">管材种类</td><td colspan="2">接口种类</td><td>试验段长度(m)</td></tr>
<tr><td colspan="2"></td><td colspan="2"></td><td colspan="2"></td><td></td></tr>
<tr><td colspan="2">工作压力
(MPa)</td><td colspan="2">试验压力
(MPa)</td><td colspan="2">15 min 降压值
(MPa)</td><td>允许渗水量
[L/(min·km)]</td></tr>
<tr><td colspan="2"></td><td colspan="2"></td><td colspan="2"></td><td></td></tr>
<tr><td rowspan="7">渗水量实测记录</td><td>次数</td><td>达到试验压力的时间 t_1</td><td>恒压结束时间 t_2</td><td>恒压时间 T(min)</td><td>恒压时间内补入的水量 W(L)</td><td>实测渗水量 q[L/(min·km)]</td></tr>
<tr><td>1</td><td></td><td></td><td></td><td></td><td></td></tr>
<tr><td>2</td><td></td><td></td><td></td><td></td><td></td></tr>
<tr><td>3</td><td></td><td></td><td></td><td></td><td></td></tr>
<tr><td>4</td><td></td><td></td><td></td><td></td><td></td></tr>
<tr><td>5</td><td></td><td></td><td></td><td></td><td></td></tr>
<tr><td colspan="6">折合平均实测渗水量[L/(min·km)]</td></tr>
<tr><td>外观</td><td colspan="6"></td></tr>
<tr><td>评语</td><td colspan="6"></td></tr>
<tr><td rowspan="2">施工单位</td><td>试验人</td><td colspan="2">年 月 日</td><td rowspan="2">监理单位</td><td colspan="2" rowspan="2">年 月 日</td></tr>
<tr><td>记录人</td><td colspan="2">年 月 日</td></tr>
<tr><td>设计单位</td><td colspan="3">年 月 日</td><td>省辖市南水北调配套工程建设管理局</td><td colspan="2">年 月 日</td></tr>
</table>

附录9　重要隐蔽(关键部位)单元工程质量等级签证表

<table>
<tr><td>单位工程名称</td><td colspan="2"></td><td colspan="2">单元工程量</td><td></td></tr>
<tr><td>分部工程名称</td><td colspan="2"></td><td colspan="2">施工单位</td><td></td></tr>
<tr><td>单元工程名称、部位</td><td colspan="2"></td><td colspan="2">自评日期</td><td>年　月　日</td></tr>
<tr><td>施工单位
自评意见</td><td colspan="5">1. 自评意见:
2. 自评质量等级:
终检人员:(签名)</td></tr>
<tr><td>监理单位
抽查意见</td><td colspan="5">抽查意见:
监理工程师:(签名)</td></tr>
<tr><td>联合小组
核定意见</td><td colspan="5">1. 核定意见:
2. 质量等级:
年　月　日</td></tr>
<tr><td>保留意见</td><td colspan="5">(签名)</td></tr>
<tr><td>备查资料
清单</td><td colspan="5">(1)地质编录 □
(2)测量成果 □
(3)检测试验报告(岩芯试验、软基承载力试验等) □
(4)影像资料 □
(5)其他(　) □</td></tr>
<tr><td rowspan="6">联合小组成员</td><td colspan="2">单位名称</td><td colspan="2">职务、职称</td><td>签名</td></tr>
<tr><td>省辖市南水北调配套工程建设管理局</td><td></td><td colspan="2"></td><td></td></tr>
<tr><td>监理单位</td><td></td><td colspan="2"></td><td></td></tr>
<tr><td>设计单位</td><td></td><td colspan="2"></td><td></td></tr>
<tr><td>施工单位</td><td></td><td colspan="2"></td><td></td></tr>
<tr><td>运行管理</td><td></td><td colspan="2"></td><td></td></tr>
<tr><td>工程质量
监督机构</td><td colspan="5">核备意见:
核备人:(签名)　　负责人:(签名)
年　月　日</td></tr>
<tr><td colspan="6">注:重要隐蔽单元工程验收时,设计单位应同时派地质工程师参加。备查资料清单中凡涉及的项目应在“□”内打“√”,如有其他资料应在括号内注明资料的名称。</td></tr>
</table>

附录10 分部工程施工质量评定表

<table>
<tr><td colspan="2">单位工程名称</td><td></td><td colspan="2">施工单位</td><td colspan="2"></td></tr>
<tr><td colspan="2">分部工程名称</td><td></td><td colspan="2">施工日期</td><td colspan="2">自　　年　月　日至　　年　月　日</td></tr>
<tr><td colspan="2">分部工程量</td><td></td><td colspan="2">评定日期</td><td colspan="2">年　月　日</td></tr>
<tr><td>项次</td><td>单元工程种类</td><td>工程量</td><td>单元工程个数</td><td>合格个数</td><td>其中优良个数</td><td>备注</td></tr>
<tr><td>1</td><td></td><td></td><td></td><td></td><td></td><td></td></tr>
<tr><td>2</td><td></td><td></td><td></td><td></td><td></td><td></td></tr>
<tr><td>3</td><td></td><td></td><td></td><td></td><td></td><td></td></tr>
<tr><td>4</td><td></td><td></td><td></td><td></td><td></td><td></td></tr>
<tr><td>5</td><td></td><td></td><td></td><td></td><td></td><td></td></tr>
<tr><td>6</td><td></td><td></td><td></td><td></td><td></td><td></td></tr>
<tr><td colspan="2">合计</td><td></td><td></td><td></td><td></td><td></td></tr>
<tr><td colspan="2">重要隐蔽单元工程、关键部位单元工程</td><td></td><td></td><td></td><td></td><td></td></tr>
<tr><td colspan="4">施工单位自评意见</td><td colspan="2">监理单位复核意见</td><td>省辖市南水北调配套工程建设管理局认定意见</td></tr>
<tr><td colspan="4">本分部工程的单元工程质量全部合格。优良率为　　%，重要隐蔽单元工程及关键部位单元工程　　个，优良率为　　%。原材料质量　　，中间产品质量　　，金属结构及启闭机制造质量　　，机电产品质量　　。质量事故及质量缺陷处理情况：　　。
分部工程质量等级：
评定人：
项目技术负责人：　　（盖公章）
年　月　日</td><td colspan="2">复核意见：
分部工程质量等级：
监理工程师：
年　月　日
总监理工程师：
（盖公章）
年　月　日</td><td>认定意见：
分部工程质量等级：
现场代表：
年　月　日
技术负责人：
（盖公章）
年　月　日</td></tr>
<tr><td colspan="2">工程质量监督机构</td><td colspan="5">核备意见：
核备人：（签名）　　负责人：（签名）
年　月　日　　年　月　日</td></tr>
</table>

注：分部工程验收的质量结论，由省辖市南水北调配套工程建设管理局报质量监督机构核备。

附录11　单位工程施工质量评定表

<table>
<tr><td colspan="2">工程项目名称</td><td colspan="2"></td><td colspan="2">施工单位</td><td colspan="4"></td></tr>
<tr><td colspan="2">单位工程名称</td><td colspan="2"></td><td colspan="2">施工日期</td><td colspan="4">自　年　月　日至　年　月　日</td></tr>
<tr><td colspan="2">单位工程量</td><td colspan="2"></td><td colspan="2">评定日期</td><td colspan="4">年　月　日</td></tr>
<tr><td rowspan="2">序号</td><td rowspan="2">分部工程名称</td><td colspan="2">质量等级</td><td rowspan="2">序号</td><td rowspan="2" colspan="3">分部工程名称</td><td colspan="2">质量等级</td></tr>
<tr><td>合格</td><td>优良</td><td>合格</td><td>优良</td></tr>
<tr><td>1</td><td></td><td></td><td></td><td>8</td><td colspan="3"></td><td></td><td></td></tr>
<tr><td>2</td><td></td><td></td><td></td><td>9</td><td colspan="3"></td><td></td><td></td></tr>
<tr><td>3</td><td></td><td></td><td></td><td>10</td><td colspan="3"></td><td></td><td></td></tr>
<tr><td>4</td><td></td><td></td><td></td><td>11</td><td colspan="3"></td><td></td><td></td></tr>
<tr><td>5</td><td></td><td></td><td></td><td>12</td><td colspan="3"></td><td></td><td></td></tr>
<tr><td>6</td><td></td><td></td><td></td><td>13</td><td colspan="3"></td><td></td><td></td></tr>
<tr><td>7</td><td></td><td></td><td></td><td>14</td><td colspan="3"></td><td></td><td></td></tr>
<tr><td colspan="10">分部工程共　个,全部合格,其中优良　个,优良率　%,主要分部工程优良率　%。</td></tr>
<tr><td colspan="2">外观质量</td><td colspan="8">应得　分,实得　分,得分率　%。</td></tr>
<tr><td colspan="2">施工质量检验资料</td><td colspan="8"></td></tr>
<tr><td colspan="2">质量事故处理情况</td><td colspan="8"></td></tr>
<tr><td colspan="2">施工单位自评等级：

评定人：

项目经理：
（盖公章）
年　月　日</td><td colspan="3">监理单位复核等级：

复核人：

总监：
（盖公章）
年　月　日</td><td colspan="3">省辖市南水北调配套工程建设管理局认定等级：

认定人：

单位负责人：
（盖公章）
年　月　日</td><td colspan="2">质量监督机构核定等级：

核定人：

负责人：
（盖公章）
年　月　日</td></tr>
</table>

附录 12　单位工程施工质量检验与评定资料核查表

<table>
<tr><td colspan="2" rowspan="2">单位工程名称</td><td rowspan="2"></td><td>施工单位</td><td colspan="2"></td></tr>
<tr><td>核查日期</td><td colspan="2">年　月　日</td></tr>
<tr><td>项次</td><td colspan="3">项目</td><td>份数</td><td>核查情况</td></tr>
<tr><td>1</td><td rowspan="13">原材料</td><td colspan="2">水泥出厂合格证、厂家试验报告</td><td></td><td rowspan="13"></td></tr>
<tr><td>2</td><td colspan="2">钢材出厂合格证、厂家试验报告</td><td></td></tr>
<tr><td>3</td><td colspan="2">外加剂出厂合格证及有关技术性能指标</td><td></td></tr>
<tr><td>4</td><td colspan="2">粉煤灰出厂合格证及技术性能指标</td><td></td></tr>
<tr><td>5</td><td colspan="2">防水材料出厂合格证、厂家试验报告</td><td></td></tr>
<tr><td>6</td><td colspan="2">止水带出厂合格证及技术性能试验报告</td><td></td></tr>
<tr><td>7</td><td colspan="2">土工布出厂合格证及技术性能试验报告</td><td></td></tr>
<tr><td>8</td><td colspan="2">装饰材料出厂合格证及技术性能试验报告</td><td></td></tr>
<tr><td>9</td><td colspan="2">橡胶圈出厂合格证、厂家试验报告</td><td></td></tr>
<tr><td>10</td><td colspan="2">水泥复验报告及统计资料</td><td></td></tr>
<tr><td>11</td><td colspan="2">钢材复验报告及统计资料</td><td></td></tr>
<tr><td>12</td><td colspan="2">密封胶出厂合格证、厂家试验报告</td><td></td></tr>
<tr><td>13</td><td colspan="2">其他原材料出厂合格证及技术性能试验资料</td><td></td></tr>
<tr><td>14</td><td rowspan="6">中间产品</td><td colspan="2">砂、石骨料试验资料</td><td></td><td rowspan="6"></td></tr>
<tr><td>15</td><td colspan="2">石料试验资料</td><td></td></tr>
<tr><td>16</td><td colspan="2">混凝土拌和物检查资料</td><td></td></tr>
<tr><td>17</td><td colspan="2">混凝土试件统计资料</td><td></td></tr>
<tr><td>18</td><td colspan="2">砂浆拌和物及试件统计资料</td><td></td></tr>
<tr><td>19</td><td colspan="2">混凝土预制件(块)检验资料</td><td></td></tr>
<tr><td>20</td><td rowspan="7">金属结构及启闭机</td><td colspan="2">启闭机出厂合格证及有关技术文件</td><td></td><td rowspan="7"></td></tr>
<tr><td>21</td><td colspan="2">压力钢管生产许可证及有关技术文件</td><td></td></tr>
<tr><td>22</td><td colspan="2">压力钢管安装测量记录</td><td></td></tr>
<tr><td>23</td><td colspan="2">启闭机安装测量记录</td><td></td></tr>
<tr><td>24</td><td colspan="2">焊接记录及探伤报告</td><td></td></tr>
<tr><td>25</td><td colspan="2">焊工资质证明材料(复印件)</td><td></td></tr>
<tr><td>26</td><td colspan="2">运行试验记录</td><td></td></tr>
</table>

续表

项次	项目		份数	核查情况
27	机电设备	产品出厂合格证、厂家提交的安装说明书及有关资料		
28		电气设备安装测试记录		
29		通信设备出厂合格证、测试记录		
30		焊缝探伤报告及焊工资质证明		
31		管道试验记录		
32		运行试验记录		
33	重要隐蔽工程施工记录	基础排水工程施工记录		
34		主要建筑物地基开挖及处理记录		
35		其他重要施工记录		
36	综合资料	质量事故调查及处理报告、质量缺陷处理检查记录		
37		工序、单元工程质量评定表及附表		
38		分部工程施工质量评定表		
39		单位工程施工质量评定表		
		其他		

施工单位自查意见	监理单位复查意见
自查： 填表人： 质检部门负责人： （盖公章） 年 月 日	复查： 监理工程师： 监理单位： （盖公章） 年 月 日

附录13 工程项目施工质量评定表

工程项目名称		河南省南水北调 中线工程建设管理局	
建设地点		省辖市南水北调 配套工程建设管理局	
主要工程量		设计单位	
监理单位		施工单位	
开工、竣工日期	自　　年　月　日 至　　年　月　日	评定日期	年　月　日

序号	单位工程名称	单元工程质量统计			分部工程质量统计			单位工程等级	备注
		个数(个)	优良(个)	优良率(%)	个数(个)	优良(个)	优良率(%)		
1									加△者为主要单位工程
2									
3									
4									
5									
6									
7									
8									
9									
10									
11									
12									
13									
14									
15									
单元工程、分部工程合计									

评定结果	本项目单位工程　　个，质量全部合格。其中，优良工程　　个，优良率　　%，主要单位工程优良率　　%。

监理单位意见	河南省南水北调中线工程建设管理局意见	质量监督机构核定意见
工程项目质量等级： 总监理工程师： 监理单位： （盖公章） 年　月　日	工程项目质量等级： 法定代表人： 项目法人： （盖公章） 年　月　日	工程项目质量等级： 负责人： 质量监督机构： （盖公章） 年　月　日

附录 14　河南省南水北调配套工程 PCCP 施工常用表格

表 14-1　岩石边坡开挖单元工程质量评定表

<table>
<tr><td colspan="3">单位工程名称</td><td colspan="3"></td><td colspan="2">单元工程量</td><td colspan="2"></td></tr>
<tr><td colspan="3">分部工程名称</td><td colspan="3"></td><td colspan="2">施工单位</td><td colspan="2"></td></tr>
<tr><td colspan="3">单元工程名称、部位</td><td colspan="3"></td><td colspan="2">检验日期</td><td colspan="2">年　月　日</td></tr>
<tr><td>项次</td><td colspan="2">检查项目</td><td colspan="4">质量标准</td><td colspan="3">检验记录</td></tr>
<tr><td>1</td><td colspan="2">△保护层开挖</td><td colspan="4">浅孔、密孔、少药量、火炮爆破</td><td colspan="3"></td></tr>
<tr><td>2</td><td colspan="2">△平均坡度</td><td colspan="4">符合设计要求</td><td colspan="3"></td></tr>
<tr><td>3</td><td colspan="2">开挖坡面</td><td colspan="4">稳定、无松动岩块</td><td colspan="3"></td></tr>
<tr><td>项次</td><td colspan="2">检测项目</td><td>设计值</td><td>允许偏差
(mm)</td><td colspan="2">实测值</td><td>合格数
(点)</td><td colspan="2">合格率
(%)</td></tr>
<tr><td>1</td><td colspan="2">坡脚标高</td><td></td><td>+200
0</td><td colspan="2"></td><td></td><td colspan="2"></td></tr>
<tr><td>2</td><td rowspan="2">坡面局部超欠挖</td><td>斜长
≤15 m</td><td></td><td>+300
-200</td><td colspan="2"></td><td></td><td colspan="2"></td></tr>
<tr><td>3</td><td>斜长
>15 m</td><td></td><td>+500
-300</td><td colspan="2"></td><td></td><td colspan="2"></td></tr>
<tr><td>检测结果</td><td colspan="9">共检测　　点，其中合格　　点，合格率　　%。</td></tr>
<tr><td colspan="7">评定意见</td><td colspan="3">单元工程质量等级</td></tr>
<tr><td colspan="7">主要检查项目全部符合质量标准。一般检查项目　　　质量标准。检测项目实测点合格率　　　%。</td><td colspan="3"></td></tr>
<tr><td>施工
单位</td><td colspan="4">年　月　日</td><td colspan="2">监理
(建设)
单位</td><td colspan="3">年　月　日</td></tr>
</table>

注："+"为超挖，"-"为欠挖。

岩石边坡开挖单元工程质量评定表
填表说明

填表时必须遵守“填表基本规定”,并符合以下要求:

1. 单元工程划分:按设计或施工检查验收的区、段划分,每区、段为一单元工程。

2. 单元工程量:本单元开挖工程量(m^3)。

3. 检查项目:项次 2 检验记录栏要将检验情况简要记录下来,并填写设计坡度以便比较,不能只填“符合要求”或“合格”。

4. 检测项目:坡面局部超欠挖分为两项,根据斜坡长度,将实测值写在相应的检测栏内。

5. 总检测数量:500 m^2 及其以内,不少于 20 个;500 m^2 以上不少于 30 个;局部突出或凹陷部位(面积在 0.5 m^2 以上者)应增设检测点。

6. 评定意见:“一般检查项目”后面的空格填“符合”或“基本符合”,视一般检查项目的“检查记录”而定。

7. 质量标准:在主要检查项目(有“△”号的)符合质量标准的前提下,一般检查项目(无“△”号的)基本符合质量标准,检测总点数中有 70% 及其以上符合标准,即评为“合格”。若一般检查项目符合质量标准,并且检测总点数中有 90% 及其以上符合质量标准,则评为“优良”。

表 14-2　岩石地基开挖单元工程质量评定表

<table>
<tr><td colspan="3">单位工程名称</td><td colspan="2"></td><td>单元工程量</td><td colspan="2"></td></tr>
<tr><td colspan="3">分部工程名称</td><td colspan="2"></td><td>施工单位</td><td colspan="2"></td></tr>
<tr><td colspan="3">单元工程名称、部位</td><td colspan="2"></td><td>检验日期</td><td colspan="2">年　月　日</td></tr>
<tr><td>项次</td><td colspan="3">检查项目</td><td colspan="3">质量标准</td><td>检验记录</td></tr>
<tr><td>1</td><td colspan="3">△保护层开挖</td><td colspan="3">浅孔、密孔、少药量、火炮爆破</td><td></td></tr>
<tr><td>2</td><td colspan="3">△建基面</td><td colspan="3">无松动岩块，无爆破影响裂隙，无积水</td><td></td></tr>
<tr><td>3</td><td colspan="3">△断层及裂隙密集带</td><td colspan="3">按规定挖槽。槽深为宽度的1～1.5倍。规模较大时，按设计要求处理</td><td></td></tr>
<tr><td>4</td><td colspan="3">△多组切割的不稳定岩体</td><td colspan="3">按设计要求处理</td><td></td></tr>
<tr><td>5</td><td colspan="3">岩溶洞穴</td><td colspan="3">按设计要求处理</td><td></td></tr>
<tr><td>6</td><td colspan="3">软弱夹层</td><td colspan="3">厚度大于 50 mm 者，挖至新鲜岩层或设计规定的深度</td><td></td></tr>
<tr><td>7</td><td colspan="3">夹泥裂隙</td><td colspan="3">挖 1～1.5 倍断层宽度，清除夹泥，或按设计要求处理</td><td></td></tr>
<tr><td>项次</td><td colspan="2">检测项目</td><td>设计值</td><td>允许偏差（mm）</td><td>实测值（mm）</td><td>合格数（点）</td><td>合格率（%）</td></tr>
<tr><td>1</td><td rowspan="4">坑（槽）长宽</td><td><5 m</td><td></td><td>+100　0</td><td></td><td></td><td></td></tr>
<tr><td>2</td><td>5～10 m</td><td></td><td>+200　0</td><td></td><td></td><td></td></tr>
<tr><td>3</td><td>10～15 m</td><td></td><td>+300　0</td><td></td><td></td><td></td></tr>
<tr><td>4</td><td>>15 m</td><td></td><td>+400　0</td><td></td><td></td><td></td></tr>
<tr><td>5</td><td colspan="2">坑（槽）底部标高</td><td></td><td>+200　0</td><td></td><td></td><td></td></tr>
<tr><td>6</td><td colspan="2">垂直或斜面平整度</td><td></td><td>150　0</td><td></td><td></td><td></td></tr>
<tr><td>检测结果</td><td colspan="7">共检测　　点，其中合格　　点，合格率　　%。</td></tr>
<tr><td colspan="5">评定意见</td><td colspan="3">单元工程质量等级</td></tr>
<tr><td colspan="5">主要检查项目全部符合质量标准。一般检查项目　　　质量标准。检测项目实测点合格率　　　%。</td><td colspan="3"></td></tr>
<tr><td>施工单位</td><td colspan="4">年　月　日</td><td>监理（建设）单位</td><td colspan="2">年　月　日</td></tr>
</table>

注：“+”为超挖，“-”为欠挖。

岩石地基开挖单元工程质量评定表

填表说明

填表时必须遵守“填表基本规定”,并符合以下要求:

1. 单元工程划分:按设计和施工检查验收区、段划分,每一检查验收区、段为一单元工程。

2. 单元工程量:本单元开挖的面积(m^2)或开挖工程量(m^3)。

3. 检查项目中的3~7项,如果按设计要求处理,应附上设计要求说明。

4. 检测项目除平整度项外,其余均应按施工图填设计值及其单位(m或mm)。复杂的地基开挖,宜附测量图。

5. 检测数量:200 m^2 及其以内,总检测点数不少于20个;200 m^2 以上不少于30个;局部突出或凹陷部位(面积在0.5 m^2 以上者)应增设检测点(平整度用2 m直尺检查)。

6. 评定意见:“一般检查项目”后面的空格填“符合”或“基本符合”,视一般检查项目“检查记录”而定。

7. 单元工程质量标准:在主要检查项目(有“△”号的)符合质量标准的前提下,一般检查项目(无“△”号的)基本符合质量标准,检测总点数中有70%及其以上符合标准,即评为“合格”。若一般检查项目符合质量标准,并且检测总点数中有90%及其以上符合质量标准,即评为“优良”。

表 14-3　沟槽开挖单元工程质量评定表

<table>
<tr><td colspan="2">单位工程名称</td><td colspan="2"></td><td colspan="2">单元工程量</td><td colspan="2"></td></tr>
<tr><td colspan="2">分部工程名称</td><td colspan="2"></td><td colspan="2">施工单位</td><td colspan="2"></td></tr>
<tr><td colspan="2">单元工程名称、部位</td><td colspan="2"></td><td colspan="2">检验日期</td><td colspan="2">年　月　日</td></tr>
<tr><td>项次</td><td colspan="2">检查项目</td><td colspan="3">质量标准</td><td colspan="2">检验记录</td></tr>
<tr><td>1</td><td colspan="2">△基础清理和处理</td><td colspan="3">表层没有不合格土,杂物全部清除,乱石、残积物、滑坡体、洞穴、膨胀岩(土)等均已按设计要求处理;保护层人工开挖,沟槽原状土无扰动;地质符合设计要求</td><td colspan="2"></td></tr>
<tr><td>2</td><td colspan="2">基础面平整</td><td colspan="3">表面平整,无显著凹凸,无松土</td><td colspan="2"></td></tr>
<tr><td>3</td><td colspan="2">超挖处理</td><td colspan="3">分层碾压密实,干密度符合设计要求</td><td colspan="2"></td></tr>
<tr><td>4</td><td colspan="2">沟槽排水</td><td colspan="3">槽底以下水面符合有关规定或设计要求,槽底无积水、软泥</td><td colspan="2"></td></tr>
<tr><td>项次</td><td>检测项目</td><td>设计值</td><td>允许偏差
(mm)</td><td>实测值
(mm)</td><td>合格数
(点)</td><td colspan="2">合格率
(%)</td></tr>
<tr><td>1</td><td>槽底高程</td><td></td><td>+100　0</td><td></td><td></td><td colspan="2"></td></tr>
<tr><td>2</td><td>槽底宽度</td><td></td><td>不小于设计值</td><td></td><td></td><td colspan="2"></td></tr>
<tr><td>3</td><td>边坡坡度</td><td></td><td>不陡于设计值</td><td></td><td></td><td colspan="2"></td></tr>
<tr><td>4</td><td>沟槽中心线位移</td><td></td><td>±10</td><td></td><td></td><td colspan="2"></td></tr>
<tr><td>检测结果</td><td colspan="7">共检测　　点,其中合格　　点,合格率　　%。</td></tr>
<tr><td colspan="5">评定意见</td><td colspan="3">单元工程质量等级</td></tr>
<tr><td colspan="5">主要检查项目全部符合质量标准。一般检查项目　　　质量标准。检测项目实测点合格率　　　%。</td><td colspan="3"></td></tr>
<tr><td>施工
单位</td><td colspan="3">年　月　日</td><td>监理
(建设)
单位</td><td colspan="3">年　月　日</td></tr>
</table>

注:“+”为超挖,“-”为欠挖。

沟槽开挖单元工程质量评定表

填表说明

填表时必须遵守“填表基本规定”，并符合以下要求：

1. 单元工程划分：按设计和施工检查验收区、段划分，每一检查验收区、段为一单元工程。

2. 单元工程量：本单元开挖的面积(m^2)或本单元开挖工程量(m^3)。

3. 检测项目中槽底高程、沟槽中心线位移用水准仪、全站仪测量，槽底宽度用卷尺测量。

4. 检测数量：总检测点在50 m及其以内不少于20个，50 m以上不少于30个。每50 m原基取样不少于一组，超挖处回填取样每处不少于一组。

5. 评定意见：“一般检查项目”后面的空格填“符合”或“基本符合”，视一般检查项目“检查记录”而定。

6. 单元工程质量标准：在主要检查项目(有“△”号的)符合质量标准的前提下，一般检查项目(无“△”号的)基本符合质量标准，检测总点数中有70%及其以上符合标准，即评为“合格”。若一般检查项目符合质量标准，并且检测总点数中有90%及其以上符合质量标准，即评为“优良”。

表 14-4　垫层铺设单元工程质量评定表

<table>
<tr><td colspan="2">单位工程名称</td><td></td><td>单元工程量</td><td></td></tr>
<tr><td colspan="2">分部工程名称</td><td></td><td>施工单位</td><td></td></tr>
<tr><td colspan="2">单元工程名称、部位</td><td></td><td>评定日期</td><td>年　月　日</td></tr>
<tr><td>项次</td><td>检查项目</td><td>质量标准</td><td colspan="2">检验记录</td></tr>
<tr><td>1</td><td>沟槽槽底</td><td>符合设计要求</td><td colspan="2"></td></tr>
<tr><td>2</td><td>垫层材料</td><td>符合设计要求,无杂物及尖状物</td><td colspan="2"></td></tr>
<tr><td>3</td><td>垫层铺设</td><td>均匀铺摊整平,符合设计要求</td><td colspan="2"></td></tr>
<tr><td>4</td><td>△包角</td><td>符合设计要求</td><td colspan="2"></td></tr>
</table>

<table>
<tr><td rowspan="2">项次</td><td rowspan="2">检测项目</td><td colspan="2">质量标准</td><td rowspan="2">实测值(mm)</td><td rowspan="2">合格数（点）</td><td rowspan="2">合格率（%）</td></tr>
<tr><td>设计值</td><td>允许偏差</td></tr>
<tr><td>1</td><td>铺设厚度</td><td></td><td>-20 mm,20 mm</td><td></td><td></td><td></td></tr>
<tr><td>2</td><td>压实后高程</td><td></td><td>-20 mm,20 mm</td><td></td><td></td><td></td></tr>
<tr><td>3</td><td>平整度</td><td></td><td>10 mm/2 m</td><td></td><td></td><td></td></tr>
<tr><td>4</td><td>压实指标</td><td></td><td>不小于设计值</td><td></td><td></td><td></td></tr>
</table>

<table>
<tr><td colspan="2">评定意见</td><td colspan="2">单元工程质量等级</td></tr>
<tr><td colspan="2">主要检查项目全部符合质量标准。一般检查项目　　　质量标准。检测项目实测点合格率　　　%。</td><td colspan="2"></td></tr>
<tr><td>施工单位</td><td>年　月　日</td><td>监理（建设）单位</td><td>年　月　日</td></tr>
</table>

垫层铺设单元工程质量评定表

填表说明

填表时必须遵守“填表基本规定”,并符合以下要求:

1. 单元划分:与管道安装单元划分相对应。

2. 单元工程量:填写本单元工程的垫层料填筑方量。

3. 检测数量:项次 1、2、3 按每 10 m 检测一组,项次 4 按每层每 50 m 取样 1 个。

4. 单元工程评定标准:在主要检查项目(有“△”号的)符合质量标准的前提下,一般检查项目(无“△”号的)基本符合质量标准,检测总点数中有 70% 及其以上符合标准,即评为“合格”。若一般检查项目符合质量标准,并且检测总点数中有 90% 及其以上符合质量标准,即评为“优良”。

表 14-5　PCCP 安装单元工程质量评定表

单位工程名称		单元工程量	
分部工程名称		施工单位	
单元工程名称、部位		评定日期	年　月　日

项次	工序名称	工序质量等级
1	△PCCP 安装	
2	管道外接缝处理	
3	管道内接缝处理	

评定意见		单元工程质量等级	
工序质量全部合格，主要工序 PCCP 安装为			
施工单位	年　月　日	监理（建设）单位	年　月　日

PCCP 安装单元工程质量评定表
填表说明

填表时必须遵守“填表基本规定”,并符合以下要求:

1. 单元工程划分:按施工检查验收区、段,结合管道安装结构及压力等级划分。

2. 单元工程量:本单元安装的管道节数、砂浆充填方量。

3. 本表是在按表 14-5.1 PCCP 安装、表 14-5.2 管道外接缝处理、表 14-5.3 管道内接缝处理工序质量评定表等进行工序质量评定后,由施工单位按照监理机构复核的工序质量结果填写(从表头至评定意见)。单元工程质量等级由施工单位自评,监理机构复核核定。

4. 单元工程质量标准:

合格:工序质量全部合格。

优良:工序质量全部合格,PCCP 安装工序为优良。

表 14-5.1　PCCP 安装工序质量评定表

<table>
<tr><td colspan="3">单位工程名称</td><td colspan="2"></td><td colspan="2">单元工程量</td><td colspan="2"></td></tr>
<tr><td colspan="3">分部工程名称</td><td colspan="2"></td><td colspan="2">施工单位</td><td colspan="2"></td></tr>
<tr><td colspan="3">单元工程名称、部位</td><td colspan="2"></td><td colspan="2">检验日期</td><td colspan="2">年　月　日</td></tr>
<tr><td>项次</td><td colspan="2">检查项目</td><td colspan="2">质量标准</td><td colspan="4">检验记录</td></tr>
<tr><td>1</td><td colspan="2">△安装前质量检查</td><td colspan="2">出厂证明书及检验报告齐全,管道标记清晰,外观符合要求,检查记录完整</td><td colspan="4"></td></tr>
<tr><td>2</td><td colspan="2">吊装就位</td><td colspan="2">采用非金属吊带吊装,安装就位准确,管道完好</td><td colspan="4"></td></tr>
<tr><td>3</td><td colspan="2">承、插口</td><td colspan="2">钢环面光洁、无破损、无毛刺、无污物,工作面光滑、无突起异物,植物类润滑剂涂抹均匀</td><td colspan="4"></td></tr>
<tr><td rowspan="2">4</td><td rowspan="2">△橡胶密封圈</td><td>橡胶密封圈质量</td><td colspan="2">有合格证或检验证明,橡胶圈无老化,表面无气孔、裂缝,粗细均匀,无重皮、平面扭曲、损坏及肉眼可见的杂质</td><td colspan="4"></td></tr>
<tr><td>安装</td><td colspan="2">用植物类润滑剂润滑胶圈,涂抹均匀,橡胶圈粗细已调匀,无麻花、闷鼻现象</td><td colspan="4"></td></tr>
<tr><td>5</td><td rowspan="3">△接头打压</td><td>第 1 次</td><td colspan="2" rowspan="3">加压至设计试验压力,恒压 5 min,压力不下降</td><td colspan="4"></td></tr>
<tr><td>6</td><td>第 2 次</td><td colspan="4"></td></tr>
<tr><td>7</td><td>第 3 次</td><td colspan="4"></td></tr>
<tr><td>项次</td><td colspan="2">检测项目</td><td>设计值</td><td>允许偏差（mm）</td><td colspan="2">实测值</td><td>合格数（点）</td><td>合格率（%）</td></tr>
<tr><td>1</td><td colspan="2">安装高程</td><td></td><td>±20</td><td colspan="2"></td><td></td><td></td></tr>
<tr><td>2</td><td colspan="2">轴线偏差</td><td></td><td>±20</td><td colspan="2"></td><td></td><td></td></tr>
<tr><td>3</td><td colspan="2">承、插口安装后间隙</td><td></td><td>-10 ~ +5</td><td colspan="2"></td><td></td><td></td></tr>
<tr><td colspan="2">检测结果</td><td colspan="7">共检测　　点,其中合格　　点,合格率　　%。</td></tr>
<tr><td colspan="6">评定意见</td><td colspan="3">工序质量等级</td></tr>
<tr><td colspan="6">主要检查项目全部符合质量标准。一般检查项目　　　质量标准。检测项目实测点合格率　　%。</td><td colspan="3"></td></tr>
<tr><td colspan="2">施工单位</td><td colspan="3">年　月　日</td><td>监理（建设）单位</td><td colspan="3">年　月　日</td></tr>
</table>

PCCP 安装工序质量评定表

填表说明

填表时必须遵守“填表基本规定”，并符合以下要求：

1. 单位工程名称、分部工程名称、单元工程名称、部位填写与表 14-5 相同。

2. 单元工程量：本单元安装管道节数。

3. 检测项目中安装高程、轴线偏差用水准仪、全站仪测量，承插口安装后间隙用钢板尺或游标卡尺测量。

4. 检测数量：安装高程、轴线偏差每节管 1 个；承插口安装后间隙分上、下、左、右每节管各 4 个。

5. 评定意见：“一般检查项目”后面的空格填“符合”或“基本符合”，视一般检查项目“检查记录”而定。

6. 单元工程质量标准：在主要检查项目（有“△”号的）符合质量标准的前提下，一般检查项目（无“△”号的）基本符合质量标准，检测总点数中有 70% 及其以上符合标准，即评为“合格”。若一般检查项目符合质量标准，并且检测总点数中有 90% 及其以上符合质量标准的，即评为“优良”。

表 14-5.2 管道外接缝处理工序质量评定表

<table>
<tr><td colspan="2">单位工程名称</td><td></td><td>单元工程量</td><td></td></tr>
<tr><td colspan="2">分部工程名称</td><td></td><td>施工单位</td><td></td></tr>
<tr><td colspan="2">单元工程名称、部位</td><td></td><td>检验日期</td><td>年　月　日</td></tr>
<tr><td>项次</td><td colspan="2">检查项目</td><td>质量标准</td><td>检验记录</td></tr>
<tr><td>1</td><td colspan="2">管道接头清理</td><td>清除表面的浮浆、脏物、油及其他异物，表面清洁。清除与灌浆材料接触的金属表面的锈斑和杂质</td><td></td></tr>
<tr><td>2</td><td colspan="2">△砂浆质量</td><td>砂浆的配合比符合设计标准，拌和符合标准规定</td><td></td></tr>
<tr><td>3</td><td rowspan="2">外缝</td><td>接缝处理</td><td>全周长灌浆饱满、均匀密实、无空隙</td><td></td></tr>
<tr><td>4</td><td>△防腐</td><td>管道有防腐要求时，接头灌浆处理应按设计要求进行防腐处理</td><td></td></tr>
<tr><td colspan="4">评定意见</td><td>工序质量等级</td></tr>
<tr><td colspan="4">主要检查项目全部符合质量标准。一般检查项目　　　　质量标准。</td><td></td></tr>
<tr><td>施工单位</td><td>年　月　日</td><td>监理（建设）单位</td><td colspan="2">年　月　日</td></tr>
</table>

管道外接缝处理工序质量评定表

填表说明

填表时必须遵守“填表基本规定”，并符合以下要求：

1. 单位工程名称、分部工程名称、单元工程名称、部位填写与表 14-5 相同。

2. 单元工程量：本单元工程量和外侧砂浆充填方量。

3. 检查项目中检查砂浆配合比及拌和质量，外侧砂浆是否达到全周长充填饱满、均匀密实、无空隙，聚硫密封胶是否涂抹均匀。

4. 评定意见：“一般检查项目”后面的空格填“符合”或“基本符合”，视一般检查项目“检查记录”而定。

5. 单元工程质量标准：在主要检查项目（有“△”号的）符合质量标准的前提下，一般检查项目（无“△”号的）基本符合质量标准，评为“合格”。若一般检查项目符合质量标准，即评为“优良”。

表 14-5.3　管道内接缝处理工序质量评定表

<table>
<tr><td colspan="3">单位工程名称</td><td></td><td>单元工程量</td><td></td></tr>
<tr><td colspan="3">分部工程名称</td><td></td><td>施工单位</td><td></td></tr>
<tr><td colspan="3">单元工程名称、部位</td><td></td><td>检验日期</td><td>年　月　日</td></tr>
<tr><td>项次</td><td colspan="2">检查项目</td><td>质量标准</td><td colspan="2">检验记录</td></tr>
<tr><td>1</td><td colspan="2">管道接头清理</td><td>清除表面的浮浆、脏物、油及其他异物，表面清洁。清除与灌浆材料接触的金属表面的锈斑和杂质</td><td colspan="2"></td></tr>
<tr><td>2</td><td colspan="2">△砂浆质量</td><td>砂浆的配合比符合设计标准，拌和符合标准规定</td><td colspan="2"></td></tr>
<tr><td>3</td><td rowspan="2">内缝</td><td>△内缝处理</td><td>沟槽回填变形基本稳定后进行内缝处理。砂浆勾缝采用直接勾嵌法，填压密实，表面平整光滑；聚硫密封胶材质填充、涂抹应符合设计要求</td><td colspan="2"></td></tr>
<tr><td>4</td><td>养护</td><td>养护及时</td><td colspan="2"></td></tr>
<tr><td colspan="4">评定意见</td><td colspan="2">工序质量等级</td></tr>
<tr><td colspan="4">主要检查项目全部符合质量标准。一般检查项目　　　　质量标准。</td><td colspan="2"></td></tr>
<tr><td>施工单位</td><td colspan="2">年　月　日</td><td>监理（建设）单位</td><td colspan="2">年　月　日</td></tr>
</table>

管道内接缝处理工序质量评定表

填表说明

填表时必须遵守“填表基本规定”，并符合以下要求：

1. 单位工程名称、分部工程名称、单元工程名称、部位填写与表 14-5 相同。

2. 单元工程量：本单元工程量和内侧砂浆充填方量。

3. 检查项目中检查砂浆配合比及拌和质量，目测内侧砂浆表面是否平整光滑，聚硫密封膏涂抹是否符合设计要求。

4. 评定意见：“一般检查项目”后面的空格填“符合”或“基本符合”，视一般检查项目“检查记录”而定。

5. 单元工程质量标准：在主要检查项目（有“△”号的）符合质量标准的前提下，一般检查项目（无“△”号的）基本符合质量标准，评为“合格”。若一般检查项目符合质量标准，即评为“优良”。

表 14-6　沟槽土方回填单元工程质量评定表

<table>
<tr><td colspan="2">单位工程名称</td><td colspan="2"></td><td colspan="2">单元工程量</td><td></td></tr>
<tr><td colspan="2">分部工程名称</td><td colspan="2"></td><td colspan="2">施工单位</td><td></td></tr>
<tr><td colspan="2">单元工程名称</td><td colspan="2"></td><td colspan="2">评定日期</td><td>年　月　日</td></tr>
<tr><td>项次</td><td>检查项目</td><td colspan="2">质量标准</td><td colspan="3">检验记录</td></tr>
<tr><td>1</td><td>△回填料</td><td colspan="2">符合设计要求,回填料级配均匀,颗粒不大于 50 mm,无草皮、树根、垃圾、乱石等杂物</td><td colspan="3"></td></tr>
<tr><td>2</td><td>卸料</td><td colspan="2">按设计和规范要求卸料,不得损伤管道,及时平料,均衡上升,施工面平整,层次清楚</td><td colspan="3"></td></tr>
<tr><td>3</td><td>铺填</td><td colspan="2">铺料厚度符合设计要求,不得损伤管道,结合部位施工处理符合设计及施工规范要求</td><td colspan="3"></td></tr>
<tr><td>4</td><td>压实作业</td><td colspan="2">管道两侧回填压实应逐层对称进行,且不得损伤管道;分段回填阶差不得超过 1 个填筑层,接茬处碾压应相互重叠,机械作业不少于 1 m,人工作业不少于 0.5 m,且不得漏压(夯)</td><td colspan="3"></td></tr>
<tr><td rowspan="2">项次</td><td rowspan="2">检验项目</td><td colspan="2">质量标准</td><td rowspan="2">实测值(mm)</td><td rowspan="2">合格数(mm)</td><td rowspan="2">合格率(%)</td></tr>
<tr><td>设计值</td><td>允许偏差</td></tr>
<tr><td>1</td><td>铺设厚度</td><td></td><td>-20 mm,20 mm</td><td></td><td></td><td></td></tr>
<tr><td>2</td><td>△压实指标</td><td></td><td>不小于设计值</td><td></td><td></td><td></td></tr>
<tr><td colspan="4">评定意见</td><td colspan="3">单元工程质量等级</td></tr>
<tr><td colspan="4">主要检查项目全部符合质量标准。一般检查项目　　　　质量标准,检测项目实测点合格率　　　%。</td><td colspan="3"></td></tr>
<tr><td>施工
单位</td><td colspan="2">年　月　日</td><td>监理
(建设)
单位</td><td colspan="3">年　月　日</td></tr>
</table>

沟槽土方回填单元工程质量评定表
填表说明

填表时必须遵守“填表基本规定”,并符合以下要求:

1. 单元划分:按照施工检查验收区、段划分,每一区、段为一个单元工程。

2. 单元工程量:填写本单元工程的填筑方量。

3. 检测数量:项次 1 按每 10 m 检测 1 个,项次 2 按每层不少于 50 m 取样 1 个。

4. 单元工程评定标准:在主要检查项目(有“△”号的)符合质量标准的前提下,一般检查项目(无“△”号的)基本符合质量标准,检测总点数中有 70% 及其以上符合标准,即评为“合格”。若一般检查项目符合质量标准,并且检测总点数中有 90% 及其以上符合质量标准,即评为“优良”。

表 14-7　建筑物土方回填单元工程质量评定表

单位工程名称		单元工程量	
分部工程名称		施工单位	
单元工程名称、部位		检验日期	年　月　日
项次	检查项目	质量标准	检验记录
1	填筑层清理和处理	符合设计要求。填筑层内无草皮、树根、乱石等杂物	
2	△回填料	符合设计要求	
3	铺填	回填部分建筑物表面,应割除并按规范处理;铺料厚度符合设计要求,结合部位施工处理符合施工规范要求,土料不得出现层间光面、弹簧土、粗细骨料集中等现象	
4	压实作业	回填压实应逐层对称进行,分段回填阶差不得超过 0.5 m,接茬处碾压应相互重叠至少 0.6 m,且不得漏夯	
5	△压实指标	干密度不合格样不集中,干密度合格率不小于 95%	
评定意见			单元工程质量等级
主要检查项目全部符合质量标准。一般检查项目　　　　质量标准。			
施工单位	年　月　日	监理（建设）单位	年　月　日

建筑物土方回填单元工程质量评定表
填表说明

填表时必须遵守“填表基本规定”，并符合以下要求：

1. 单元划分：按施工检查验收区、段划分，每一检查验收区、段为一单元工程。

2. 单元工程量：填写本单元工程的填筑方量。

3. 回填干密度现场取样试验，一般不少于10个点。

4. 单元工程质量评定：主要检查项目（有“△”号的）全部符合标准，一般检查项目（无“△”号的）基本符合合格标准，即评为“合格”。主要检查项目全部符合质量标准，一般检查项目符合质量标准，即评为“优良”。

表 14-8　混凝土单元工程质量评定表

<table>
<tr><td colspan="2">单位工程名称</td><td></td><td>单元工程量</td><td colspan="2"></td></tr>
<tr><td colspan="2">分部工程名称</td><td></td><td>施工单位</td><td colspan="2"></td></tr>
<tr><td colspan="2">单元工程名称、部位</td><td></td><td>评定日期</td><td colspan="2">年　月　日</td></tr>
<tr><td>项次</td><td colspan="2">工序名称</td><td colspan="3">工序质量等级</td></tr>
<tr><td>1</td><td colspan="2">基础面或混凝土施工缝处理</td><td colspan="3"></td></tr>
<tr><td>2</td><td colspan="2">模板</td><td colspan="3"></td></tr>
<tr><td>3</td><td colspan="2">△钢筋</td><td colspan="3"></td></tr>
<tr><td>4</td><td colspan="2">止水、伸缩缝安装</td><td colspan="3"></td></tr>
<tr><td>5</td><td colspan="2">△混凝土浇筑</td><td colspan="3"></td></tr>
<tr><td colspan="4">评定意见</td><td colspan="2">单元工程质量等级</td></tr>
<tr><td colspan="4">工序质量全部合格。主要工序——钢筋、混凝土浇筑两工序质量　　　　，工序质量优良率为　　　%。</td><td colspan="2"></td></tr>
<tr><td>施工单位</td><td colspan="2">年　月　日</td><td>监理（建设）单位</td><td colspan="2">年　月　日</td></tr>
</table>

混凝土单元工程质量评定表
填表说明

填表时必须遵守“填表基本规定”,并符合以下要求:

1. 单元工程划分:按混凝土浇筑仓号划分,每一仓号为一单元工程,排架柱梁系按一次检查验收的范围,若干个柱梁为一个单元工程。

2. 单元工程量:填写本单元混凝土浇筑量(m^3)。

3. 本表是在表14-8.1、表14-8.2、表14-8.3、表14-8.4和表14-8.5等工序质量评定后,由施工单位按照监理复核的工序质量结果填写(从表头至评定意见)。单元工程质量等级由建设、监理复核评定。

4. 单元工程质量标准:

合格:工序质量全部合格。

优良:工序质量全部合格,优良工序达50%及其以上,且主要工序全部优良。

表 14-8.1　基础面或混凝土施工缝处理工序质量评定表

单位工程名称			单元工程量	
分部工程名称			施工单位	
单元工程名称、部位			检验日期	年　月　日
项次	检查项目	质量标准	检验记录	
1	基础岩面			
(1)	△建基面	无松动岩块		
(2)	△地表水和地下水	妥善引排或封堵		
(3)	岩面清洗	洁净,无积水,无积渣杂物		
2	混凝土施工缝			
(1)	△表面处理	无乳皮,成毛面		
(2)	混凝土表面清洗	洁净,无积水,无积渣杂物		
3	软基面			
(1)	△建基面	预留保护层已挖除,地质符合设计要求		
(2)	△地表水和地下水	妥善引排		
(3)	垫层铺填	符合设计要求		
(4)	基础面清理	无乱石、杂物,坑洞分层回填夯实		
评定意见			工序质量等级	
主要检查项目全部符合质量标准。一般检查项目　　质量标准。				
施工单位	年　月　日		监理（建设）单位	年　月　日

基础面或混凝土施工缝处理工序质量评定表
填表说明

填表时必须遵守“填表基本规定”，并符合以下要求：

1. 单位工程、分部工程、单元工程名称、部位填写与单元工程表 14-8 相同。

2. 单元工程量：除填混凝土量（m^3）外，还要填基础岩面、施工缝或软基面处理的数量（m^2）。

3. 本工序表分为基础岩面、混凝土施工缝和软基面等三种类型。各类检查项目与质量标准相同。所评定工序属于哪种类型，就按相应类型检查项目的质量标准进行质量检验，并记录检验结果。本例为混凝土施工缝处理工序，故按表项次 2 的（1）、（2）项次检查处理质量，并记录。

4. 工序质量标准：在开仓前进行最后一次检查，主要检查项目（有“△”号的）基本符合质量标准，评为“合格”，全部符合质量标准，即评为“优良”。

表 14-8.2　模板工序质量评定表

<table>
<tr><td colspan="2">单位工程名称</td><td colspan="3"></td><td colspan="2">单元工程量</td><td colspan="3"></td></tr>
<tr><td colspan="2">分部工程名称</td><td colspan="3"></td><td colspan="2">施工单位</td><td colspan="3"></td></tr>
<tr><td colspan="2">单元工程名称、部位</td><td colspan="3"></td><td colspan="2">检验日期</td><td colspan="3">年　月　日</td></tr>
<tr><td>项次</td><td>检查项目</td><td colspan="5">质量标准</td><td colspan="3">检验记录</td></tr>
<tr><td>1</td><td>△稳定性、刚度和强度</td><td colspan="5">符合设计及规范要求</td><td colspan="3"></td></tr>
<tr><td>2</td><td>模板表面</td><td colspan="5">光洁、无污物、接缝严密</td><td colspan="3"></td></tr>
<tr><td rowspan="3">项次</td><td rowspan="3">检测项目</td><td rowspan="3">设计值</td><td colspan="3">允许偏差（mm）</td><td rowspan="3" colspan="2">实测值</td><td rowspan="3">合格数（点）</td><td rowspan="3">合格率（%）</td></tr>
<tr><td colspan="2">外露表面</td><td rowspan="2">隐蔽内面</td></tr>
<tr><td>钢模</td><td>木模</td></tr>
<tr><td>1</td><td>模板平整度：相邻两板面高差</td><td></td><td>2</td><td>3</td><td>5</td><td colspan="2"></td><td></td><td></td></tr>
<tr><td>2</td><td>局部不平（用 2 m 直尺检查）</td><td></td><td>2</td><td>5</td><td>10</td><td colspan="2"></td><td></td><td></td></tr>
<tr><td>3</td><td>板面缝隙</td><td></td><td>1</td><td>2</td><td>2</td><td colspan="2"></td><td></td><td></td></tr>
<tr><td>4</td><td>结构物边线与设计边线</td><td></td><td colspan="2">10</td><td>15</td><td colspan="2"></td><td></td><td></td></tr>
<tr><td>5</td><td>结构物水平断面内部尺寸</td><td></td><td colspan="3">±20</td><td colspan="2"></td><td></td><td></td></tr>
<tr><td>6</td><td>承重模板标高</td><td></td><td colspan="3">±5</td><td colspan="2"></td><td></td><td></td></tr>
<tr><td>7</td><td>预留孔、洞尺寸及位置</td><td></td><td colspan="3">±10</td><td colspan="2"></td><td></td><td></td></tr>
<tr><td>检测结果</td><td colspan="9">共检测　　点，其中合格　　点，合格率　　%。</td></tr>
<tr><td colspan="6">评定意见</td><td colspan="4">工序质量等级</td></tr>
<tr><td colspan="6">主要检查项目全部符合质量标准。一般检查项目
质量标准。检测项目实测点合格率　　　%。</td><td colspan="4"></td></tr>
<tr><td>施工单位</td><td colspan="4">年　月　日</td><td>监理（建设）单位</td><td colspan="4">年　月　日</td></tr>
</table>

模板工序质量评定表

填表说明

填表时必须遵守“填表基本规定”，并符合以下要求：

1. 单位工程、分部工程、单元工程名称、部位填写与单元工程表14-8相同。

2. 单元工程量：除填本单位混凝土量(m^3)外，还要填模板安装量(m^2)。

3. 检查项目项次1质量标准栏须填写设计要求，如写不下可另附页。本例将设计要求(支撑牢固、稳定)直接填写在栏内。

4. 检测项目：

(1)允许偏差栏，分为3种，应按模板性质及种类在相应栏内加“√”标明。本例模板是外露表面、钢模，故在钢模处加“√”。

(2)第4、5、6、7项应按施工图填写设计值及其单位(m或mm)。实测值应对应于设计值，且一般同单位，而不应填偏差值。

(3)检测数量：按水平线(或垂直线)布置检测点。总检测点数量：模板面积在100 m^2及其以内，不少于20个；模板面积在100 m^2以上，不少于30个。

5. 质量标准：在主要检查项目(有“△”号的)符合质量标准的前提下，一般检查项目(无“△”号的)基本符合质量标准，检测总点数中有70%及其以上符合质量标准，即评为“合格”。一般检查项目符合质量标准，检测总点数中有90%及其以上符合质量标准，即评为“优良”。

表 14-8.3　钢筋工序质量评定表

<table>
<tr><td>单位工程名称</td><td colspan="2"></td><td>单元工程量</td><td></td></tr>
<tr><td>分部工程名称</td><td colspan="2"></td><td>施工单位</td><td></td></tr>
<tr><td>单元工程名称、部位</td><td colspan="2"></td><td>检验日期</td><td>年　月　日</td></tr>
<tr><td>项次</td><td>检查项目</td><td>质量标准</td><td colspan="2">检验记录</td></tr>
<tr><td>1</td><td>△钢筋的数量、规格尺寸、安装位置</td><td>符合设计图纸</td><td colspan="2"></td></tr>
<tr><td>2</td><td>焊缝</td><td>不应有裂缝</td><td colspan="2"></td></tr>
<tr><td>3</td><td>△脱焊点和漏焊点</td><td>无</td><td colspan="2"></td></tr>
</table>

<table>
<tr><td>项次</td><td colspan="4">检测项目</td><td>设计值</td><td>允许偏差
（mm）</td><td>实测值</td><td>合格数
（点）</td><td>合格率
（%）</td></tr>
<tr><td>1</td><td rowspan="9">点焊及电弧焊</td><td colspan="3">帮条对焊接头中心的纵向偏移差</td><td></td><td>0.5d</td><td></td><td></td><td></td></tr>
<tr><td>2</td><td colspan="3">接头处钢筋轴线的曲折</td><td></td><td>4°</td><td></td><td></td><td></td></tr>
<tr><td rowspan="7">3</td><td rowspan="7">△焊缝</td><td colspan="2">长度</td><td></td><td>-0.5d</td><td></td><td></td><td></td></tr>
<tr><td colspan="2">高度</td><td></td><td>-0.05d</td><td></td><td></td><td></td></tr>
<tr><td colspan="2">宽度</td><td></td><td>-0.1d</td><td></td><td></td><td></td></tr>
<tr><td colspan="2">咬边深度</td><td></td><td>0.05d，
不大于1</td><td></td><td></td><td></td></tr>
<tr><td rowspan="2">表面气孔夹渣</td><td>在2d长度上</td><td></td><td>不多于
2个</td><td></td><td></td><td></td></tr>
<tr><td>气孔、夹渣直径</td><td></td><td>不大于3</td><td></td><td></td><td></td></tr>
<tr><td></td><td colspan="2"></td><td></td><td></td><td></td><td></td><td></td></tr>
<tr><td rowspan="3">4</td><td rowspan="3">△绑扎</td><td colspan="3">缺扣、松扣</td><td></td><td>≤20%
且不集中</td><td></td><td></td><td></td></tr>
<tr><td colspan="3">弯钩朝向正确</td><td></td><td>符合设计
图纸</td><td></td><td></td><td></td></tr>
<tr><td colspan="3">搭接长度</td><td></td><td>-0.05设计值</td><td></td><td></td><td></td></tr>
</table>

注：d 为钢筋直径。

续表

<table>
<tr><th>项次</th><th colspan="3">检测项目</th><th>设计值</th><th>允许偏差（mm）</th><th>实测值</th><th>合格数（点）</th><th>合格率（%）</th></tr>
<tr><td rowspan="4">5</td><td rowspan="4">对焊及熔槽焊</td><td rowspan="2">△焊接接头根部未焊透深度</td><td>ϕ25～40 mm 钢筋</td><td></td><td>0.15d</td><td></td><td></td><td></td></tr>
<tr><td>ϕ40～70 mm 钢筋</td><td></td><td>0.10d</td><td></td><td></td><td></td></tr>
<tr><td colspan="2">接头处钢筋中心线的位移</td><td></td><td>0.1d，不大于 2</td><td></td><td></td><td></td></tr>
<tr><td colspan="2">焊缝表面（长为 2d）和焊缝截面上蜂窝、气孔、非金属杂质</td><td></td><td>不大于 1.5d，3 个</td><td></td><td></td><td></td></tr>
<tr><td>6</td><td colspan="3">钢筋长度方向的偏差</td><td></td><td>±1/2 净保护层厚</td><td></td><td></td><td></td></tr>
<tr><td rowspan="2">7</td><td colspan="2" rowspan="2">同一排受力钢筋间距的局部偏差</td><td>柱及梁</td><td></td><td>±0.5d</td><td></td><td></td><td></td></tr>
<tr><td>板、墙</td><td></td><td>±0.1 间距</td><td></td><td></td><td></td></tr>
<tr><td>8</td><td colspan="3">同一排中分布钢筋间距的偏差</td><td></td><td>±0.1 间距</td><td></td><td></td><td></td></tr>
<tr><td>9</td><td colspan="3">双排钢筋，其排与排间距的局部偏差</td><td></td><td>±0.1 排距</td><td></td><td></td><td></td></tr>
<tr><td>10</td><td colspan="3">梁与柱中钢箍间距的偏差</td><td></td><td>0.1 箍筋间距</td><td></td><td></td><td></td></tr>
<tr><td>11</td><td colspan="3">保护层厚度的局部偏差</td><td></td><td>±1/4 净保护层厚</td><td></td><td></td><td></td></tr>
<tr><td>检测结果</td><td colspan="8">共检测　　点，其中合格　　点，合格率　　%。</td></tr>
<tr><td colspan="6">评定意见</td><td colspan="3">工序质量等级</td></tr>
<tr><td colspan="6">主要检查项目全部符合质量标准。一般检查项目　　质量标准。检测项目实测点合格率　　%。</td><td colspan="3"></td></tr>
<tr><td>施工单位</td><td colspan="4">年　月　日</td><td>监理（建设）单位</td><td colspan="3">年　月　日</td></tr>
</table>

钢筋工序质量评定表

填表说明

填表时必须遵守“填表基本规定”,并符合以下要求:

1. 单位工程、分部工程、单元工程名称、部位填写与单元工程表 14-8 相同。

2. 单元工程量:除填本单元混凝土量(m^3)外,还要填本工序工程量(t)。

3. 检查项目项次 1 允许偏差为符合设计要求,填表时应将设计止水插入基岩部分的要求写出。

4. 检测数量:一单元工程中若同时有止水、伸缩缝和坝体排水管 3 项,则每一单项检查(测)点不少于 8 个,总检查(测)点数一般不少于 30 个;若只有其中一项或两项总检查(测)点数一般不少于 20 个。

5. 质量标准:在主要检查项目(有“△”号的)符合质量标准的前提下,一般检查项目(无“△”号的)基本符合质量标准,检测总点数中有 70% 及其以上符合质量标准,即评为“合格”。一般检查项目符合质量标准,检测总点数中有 90% 及其以上符合质量标准,即评为“优良”。

表 14-8.4　止水、伸缩缝安装工序质量评定表

<table>
<tr><td colspan="2">单位工程名称</td><td colspan="2"></td><td colspan="2">单元工程量</td><td colspan="2"></td></tr>
<tr><td colspan="2">分部工程名称</td><td colspan="2"></td><td colspan="2">施工单位</td><td colspan="2"></td></tr>
<tr><td colspan="2">单元工程名称、部位</td><td colspan="2"></td><td colspan="2">检验日期</td><td colspan="2">年　月　日</td></tr>
<tr><td>项次</td><td colspan="2">检查项目</td><td colspan="3">质量标准</td><td colspan="2">检验记录</td></tr>
<tr><td>1</td><td colspan="2">止水片(带)规格</td><td colspan="3">符合设计要求,并有出厂合格证明</td><td colspan="2"></td></tr>
<tr><td>2</td><td colspan="2">止水片(带)安装</td><td colspan="3">位置准确、平直,表面边角整齐、洁净</td><td colspan="2"></td></tr>
<tr><td>3</td><td colspan="2">△止水片(带)焊接及黏结</td><td colspan="3">焊接及黏结长度符合设计要求,焊接紧密,表面光滑,无裂纹、无空洞、无脱离</td><td colspan="2"></td></tr>
<tr><td>4</td><td colspan="2">粘贴沥青(改性沥青 SBS)油毛毡</td><td colspan="3">混凝土表面清洁干燥,涂刷均匀平整,与混凝土黏结紧密,无气泡及隆起现象</td><td colspan="2"></td></tr>
<tr><td>5</td><td colspan="2">低发泡聚乙烯闭孔泡沫板</td><td colspan="3">混凝土表面清洁,蜂窝、麻面已处理并填平,外露施工铁件割除,铺设均匀平整、牢固,相邻块安装紧密,平整无缝</td><td colspan="2"></td></tr>
<tr><td>项次</td><td colspan="2">检测项目</td><td>设计值</td><td>允许偏差(mm)</td><td>实测值</td><td>合格数(点)</td><td>合格率(%)</td></tr>
<tr><td>1</td><td rowspan="3">几何尺寸</td><td>宽</td><td></td><td>±5</td><td></td><td></td><td></td></tr>
<tr><td>2</td><td>高</td><td></td><td>±2</td><td></td><td></td><td></td></tr>
<tr><td>3</td><td>长</td><td></td><td>±20</td><td></td><td></td><td></td></tr>
<tr><td>4</td><td colspan="2">安装位置</td><td></td><td>±20</td><td></td><td></td><td></td></tr>
<tr><td>检测结果</td><td colspan="7">共检测　　点,其中合格　　点,合格率　　%。</td></tr>
<tr><td colspan="5">评定意见</td><td colspan="3">工序质量等级</td></tr>
<tr><td colspan="5">主要检查项目全部符合质量标准。一般检查项目　　质量标准。检测项目实测点合格率　　%。</td><td colspan="3"></td></tr>
<tr><td>施工单位</td><td colspan="3">年　月　日</td><td>监理(建设)单位</td><td colspan="3">年　月　日</td></tr>
</table>

止水、伸缩缝安装工序质量评定表

填表说明

填表时必须遵守“填表基本规定”，并符合以下要求：

1. 单位工程、分部工程、单元工程名称、部位填写与单元工程表 14-8 相同。

2. 单元工程量：除填本单元混凝土量(m^3)外，还要填本工序工程量(m)。

3. 检测数量：总检测点数一般不少于 20 个。

4. 质量标准：在主要检查项目(有“△”号的)符合质量标准的前提下，一般检查项目(无“△”号的)基本符合质量标准，检测总点数中有 70% 及其以上符合质量标准，即评为“合格”。一般检查项目符合质量标准，检测总点数中有 90% 及其以上符合质量标准，即评为“优良”。

表 14-8.5　混凝土浇筑工序质量评定表

单位工程名称			单元工程量		
分部工程名称			施工单位		
单元工程名称、部位			检验日期	年　月　日至　年　月　日	
项次	检查项目	质量标准		检验记录	
		优良	合格		
1	砂浆铺筑	厚度不大于 30 mm、均匀平整、无漏铺	厚度不大于 30 mm，局部稍差		
2	△入仓混凝土料	无不合格料入仓	少量不合格料入仓，经处理尚能基本满足设计要求		
3	△平仓分层	厚度不大于 0.5 m，铺设均匀，分层清楚，无骨料集中现象	局部稍差		
4	△混凝土振捣	垂直插入下层 50 mm，有次序，无漏振	无架空和漏振		
5	△铺料间歇时间	符合要求，无初凝现象	无初凝现象，其他部位初凝累计面积不超过 1% 并经处理合格		
6	积水和泌水	无外部水流入，泌水排除及时	无外部水流入，有少量泌水，排除不够及时		
7	插筋、管路等埋设件保护	保护好，符合要求	有少量位移，但不影响使用		
8	混凝土养护	混凝土表面保持湿润，无时干时湿现象	混凝土表面保持湿润，但局部短时间有时干时湿现象		
9	麻面	无	少量麻面，但累计面积不超过 0.5%		
10	蜂窝、狗洞	无	轻微、少量、不连续，单个面积不超过 0.1 m^2，深度不超过骨料最大粒径，已按要求处理		
11	△露筋	无	无主筋外露，箍、副筋个别微露，已按要求处理		
12	碰损掉角	无	重要部位不允许，其他部位轻微少量，已按要求处理		
13	表面裂缝	无	有短小、不跨层的表面裂缝，已按要求处理		
14	△深层及贯穿裂缝	无	无		
评定意见				工序质量等级	
主要检查项目符合　　　　质量标准，一般检查项目　　　　质量标准。					
施工单位	年　月　日		监理（建设）单位	年　月　日	

混凝土浇筑工序质量评定表

填表说明

填表时必须遵守“填表基本规定”,并符合以下要求:

1. 单位工程、分部工程、单元工程名称、部位填写与单元工程表14-8相同。

2. 单元工程量:填本单元混凝土量(m^3)。

3. 检验日期:混凝土浇筑时和拆模后分别进行检查,填写两个检查时间。

4. 质量标准:如果主要检查项目(有“△”号的)全部符合优良质量标准,一般检查项目(无“△”号的)符合优良或合格质量标准,评为“优良”。如果主要检查项目全部符合合格质量标准,一般检查项目基本符合合格质量标准,评为“合格”。

办法用词说明

<table>
<tr><th>规程用词</th><th>在特殊情况下的等效表述</th><th>要求严格程度</th></tr>
<tr><td>应</td><td>有必要、要求、要、只有……才允许</td><td rowspan="2">要求</td></tr>
<tr><td>不应</td><td>不允许、不许可、不要</td></tr>
<tr><td>宜</td><td>推荐、建议</td><td rowspan="2">推荐</td></tr>
<tr><td>不宜</td><td>不推荐、不建议</td></tr>
<tr><td>可</td><td>允许、许可、准许</td><td rowspan="2">允许</td></tr>
<tr><td>不必</td><td>不需要、不要求</td></tr>
</table>